环保科普丛书

"十三五"国家重点图书出版规划项目

电磁辐射安全知识问答

DIANCI FUSHE ANQUAN ZHISHI WENDA

U0384557

环境保护部科技标准司
中国环境科学学会 主编

中国环境出版集团·北京

图书在版编目（CIP）数据

电磁辐射安全知识问答 / 环境保护部科技标准司，中国环境科学学会主编 . -- 北京 : 中国环境出版集团，2015.12（2019.10 重印）
（环保科普丛书）
ISBN 978-7-5111-2642-9

Ⅰ . ①电… Ⅱ . ①环… ②中… Ⅲ . ①电磁辐射－辐射防护－问题解答 Ⅳ . ① X591-44

中国版本图书馆 CIP 数据核字 (2015) 第 304925 号

出 版 人　武德凯
责任编辑　沈　建　董蓓蓓
责任校对　尹　芳
装帧设计　金　喆

出版发行　中国环境出版集团
（100062 北京市东城区广渠门内大街 16 号）
网　　址：http://www.cesp.com.cn
电子邮箱：bjgl@cesp.com.cn
联系电话：010-67112765（编辑管理部）
发行热线：010-67125803，010-67113405（传真）
印　　刷　北京中科印刷有限公司
经　　销　各地新华书店
版　　次　2015 年 12 月第 1 版
印　　次　2019 年 10 月第 2 次印刷
开　　本　880×1230　1/32
印　　张　4.5
字　　数　100 千字
定　　价　22.00 元

《环保科普丛书》编著委员会

顾　　问： 黄润秋

主　　任： 邹首民

副 主 任： 王开宇　王志华

科学顾问： 郝吉明　曲久辉　任南琪

主　　编： 易　斌　张远航

副 主 编： 陈永梅

编　　委：（按姓氏拼音排序）

鲍晓峰　曹保榆　柴发合　陈　胜　陈永梅
崔书红　高吉喜　顾行发　郭新彪　郝吉明
胡华龙　江桂斌　李广贺　李国刚　刘海波
刘志全　陆新元　潘自强　任官平　邵　敏
舒俭民　王灿发　王慧敏　王金南　王文兴
吴舜泽　吴振斌　夏　光　许振成　杨　军
杨　旭　杨朝飞　杨志峰　易　斌　于志刚
余　刚　禹　军　岳清瑞　曾庆轩　张远航
庄娱乐

《电磁辐射安全知识问答》编委会

主　编： 张志刚

副主编： 蒋秋岩　卢佳新　邢劲松　商照荣

编　委：（按姓氏拼音排序）

陈永梅　郭　弘　蒋秋岩　廖运璇　刘瑞桓

罗　楠　卢佳新　商照荣　王明慧　邢劲松

杨　勇　朱　琨　张　露　张静蓉

编写单位： 中国环境科学学会

环境保护部核与辐射安全中心

中国环境科学学会核安全与辐射安全专业委员会

《环保科普丛书》序

我国正处于工业化中后期和城镇化加速发展的阶段，结构型、复合型、压缩型污染逐渐显现，发展中不平衡、不协调、不可持续的问题依然突出，环境保护面临诸多严峻挑战。环保是发展问题，也是重大的民生问题。喝上干净的水，呼吸上新鲜的空气，吃上放心的食品，在优美宜居的环境中生产生活，已成为人民群众享受社会发展和环境民生的基本要求。由于公众获取环保知识的渠道相对匮乏，加之片面性知识和观点的传播，导致了一些重大环境问题出现时，往往伴随着公众对事实真相的疑惑甚至误解，引起了不必要的社会矛盾。这既反映出公众环保意识的提高，同时也对我国环保科普工作提出了更高要求。

当前，是我国深入贯彻落实科学发展观、全面建成小康社会、加快经济发展方式转变、解决突出资源环境问题的重要战略机遇期。大力加强环保科普工作，提升公众科学素质，营造有利于环境保护的人文环境，增强公众获取和运用环境科技知识的能力，把保护环境的意识转化为自觉行动，是环境保护优化经济发展的必然要求，对于推进生态文明建设，积极探索环保新道路，实现环境保护目标具有重要意义。

国务院《全民科学素质行动计划纲要》明确提出要大力提升公众的科学素质，为保障和改善民生、促进经济长期平稳快速发展和社会和谐提供重要基础支撑，其中在实施科普资源开发与共享工程方面，要求我们要繁荣科普创作，推出更多思想性、群众性、艺术性、观赏性相统一，人民群众喜闻乐见的优秀科普作品。

环境保护部科技标准司组织编撰的《环保科普丛书》正是基于这样的时机和需求推出的。丛书覆盖了同人民群众生活与健康息息相关的水、气、声、固废、辐射等环境保护重点领域，以通俗易懂的语言，配以大量故事化、生活化的插图，使整套丛书集科学性、通俗性、趣味性、艺术性于一体，准确生动、深入浅出地向公众传播环保科普知识，可提高公众的环保意识和科学素质水平，激发公众参与环境保护的热情。

我们一直强调科技工作包括创新科学技术和普及科学技术这两个相辅相成的重要方面，科技成果只有为全社会所掌握、所应用，才能发挥出推动社会发展进步的最大力量和最大效用。我们一直呼吁广大科技工作者大力普及科学技术知识，积极为提高全民科学素质作出贡献。现在，我们欣喜地看到，广大科技工作者正积极投身到环保科普创作工作中来，以严谨的精神和积极的态度开展科普创作，打造精品环保科普系列图书。衷心希望我国的环保科普创作不断取得更大成绩。

丛书编委会

二〇一二年七月

前言

随着科学的发展，人类发明了许多利用电磁场能量工作的设施。今天，我们的生活早已经离不开电磁场。电磁原理已经应用于生产和生活的各个环节，为人类创造了巨大的物质文明，如电力设施、手机、电视广播、无线网络、各类家用电器、医疗设备等，我们根本无法想象如何生活在一个没有电磁场的世界。

当然，由于电磁场的广泛利用，使人类生活的环境充满了人工的电磁场。自18世纪中后期起，生活中电磁场对健康的潜在影响就开始受到了科学界的关注。20世纪初期，由于电灯和电话的广泛推广与应用，人们曾普遍担心家庭中的电线及电话线会带来电磁场对健康的影响。电磁场看不见、摸不着，却就在我们身边，容易使人产生神秘感和发挥想象力，一些不实报道和宣传也影响公众正确认知，引起了不必要的惶恐和纠纷，电磁场方面的信访投诉量逐年增加。

电磁场对健康有害吗？这是大家对电磁场普遍关心和困扰的问题。本书力求全面地介绍电磁场环境影响的相关知识，包括各类电磁设施产生电磁场的原理、频率，以及相应国内外标准限值等，以大量监测结果为依据，在健康影响及生物效应问题上，采用世界卫生组织（WHO）的官方资料，努力使公众正确认识电磁辐射，建立科学理性的环境安全“风险意识”，也给各级环境保护部门处理公众投诉，回应公众关切提供依据。

一般来说，我们日常接触到的电磁场环境影响是低于标准限值的，是安全的。我们应该不断探索、开发、利用电磁场资源，同时正确认识、评估其环境影响，规避健康风险。这样才能既发挥电磁场的价值，又保障人类的健康。理解并适应新的技术，做一个科学理性的现代公民，这是我们大家面临的一个重要的与科学素质教育相关的选择，也是科学界和政府部门需要不断提升科学普及的意义之所在。

在本书的编写过程中，中国环境科学学会核安全与辐射安全专业委员会、环境保护部核与辐射安全中心委派专家参与编写工作，北京森馥科技有限公司提供大量有关监测数据支持，在此一并感谢！

由于水平有限、时间仓促，书中缺点错误在所难免，敬请专家、读者批评指正。

编　者

2015 年 7 月 1 日

目录

第一部分 基础知识和概念 1

第二部分 通信基站电磁场 19

第一部分
基础知识和概念

1. 什么是电场？

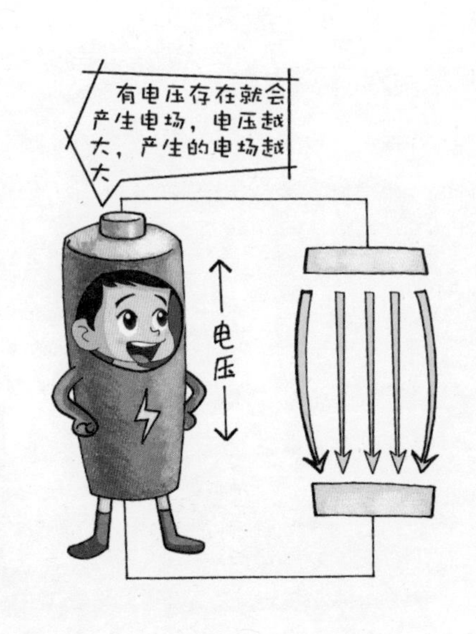

电场是存在于电荷周围能传递电荷与电荷之间相互作用的物理场，是一种特殊物质。这种物质与通常的实物不同，它不是由分子、原子所组成，但它是客观存在的，具有通常物质所具有的力和能量等客观属性。在电荷周围总有电场存在，同时电场对场中其他电荷发生力的作用。

电场不仅有大小，也有方向。电场大小和方向用电场强度来表示，单位为伏 / 米（V/m），简称场强，可以定义为放入电场中某点的电荷所受的电场力 F 跟它的电荷量 q 的比值。电场的大小与电压有关，电压越大，电场越大。电场的方向与正电荷所受电场力的方向相同，与负电荷所受电场力的方向相反。

2. 什么是磁场？

磁场是传递运动电荷（电流）之间相互作用的物理场，由运动电荷（电流）产生，同时对场中其他运动电荷（电流）又有力的作用。磁石、磁铁、电流，都能产生磁场。处于磁场里的磁性物质或电流，因为磁场的作用而感受到磁力，所以会显示出磁场的存在。

磁场是广泛存在的。地球、恒星（如太阳）、星系（如银河系）、行星、卫星以及星际空间和星系际空间，都存在着磁场。在现代科学技术和人类生产生活中，处处可遇到磁场，发电机、电动机、变压器、电报、电话、收音机、电磁测量仪表等无不与磁现象有关。甚至在人体内，伴随着生命活动，一些组织和器官内也会产生微弱的磁场。

有电流通过就会产生磁场，电流越大，产生的磁场越强。表征磁场大小和方向的有两个物理量，一个是磁感应强度，单位为特 [斯拉]（T）；另一个是磁场强度，单位为安 / 米（A/m）。

3. 什么是电磁场?

变化的电场会产生磁场，变化的磁场则会产生电场。变化的电场和变化的磁场构成了一个不可分离的统一的场，这就是电磁场。

电磁场以波的形式传播，形成电磁波。电磁波看不见、摸不着，我们可以将电磁波想象成水波的样子。当我们向河中扔一块石子，水面上就会形成以石子入水处为中心、向四周传播的水波。因为空气及物体对电磁波有吸收、反射的作用，电磁波在空间只能传播到有限范围。

4. 环境中的电磁场有哪些？

电磁场看不见、摸不着，却无处不在。环境中的电磁场可分为天然电磁场和人工电磁场两类。

天然电磁场指的是自然中存在的电磁场。首先，地球本身产生了一个大的磁场，即地磁场，不同地理位置的地磁场强度不同，一些鸟类和鱼类在迁徙时就是利用地磁场导航的；众所周知，太阳光也是一种电磁波现象，是电磁波谱中的一个波段；雷电和其他星球产生的电磁波也都是自然存在的，人类就是在这种环境中进化，并与自然形成了一种和谐。

人工电磁场指的是人工源电磁场。随着科学的发展，人类发明了许多利用电磁能工作的设施，这些设施会向环境中发射电磁波或产生电场、磁场。例如，我们的生活用电会产生极低频电磁场，收听广播利用的是无线电波，手机、微波炉利用的是更高频率的微波。

人工电磁场场源大致可分为五类，主要包括：

（1）无线电发射系统。如广播电台、差转台，电视塔台，卫星地球上行站，雷达，无线通信系统等。

（2）高压输变电系统。如高压线、变电站等。

（3）电气化铁道。如磁悬浮列车等。

（4）工业、科学、医疗用电磁辐射设备。如高频感应加热设备、高频介质加热设备，超声波清洗设备，透热治疗仪等。

（5）其他。如家电等。

5. 什么是电磁辐射？

电场和磁场的交互变化产生电磁波，电磁波向空中发射或泄漏的现象，叫电磁辐射。电磁辐射是以一种看不见、摸不着的特殊形态存在的物质。人类生存的地球是一个大的磁场场源，当然地球本身就是一个大磁场。它表面的热辐射和雷电都可产生电磁辐射，太阳及其他星球也从外层空间源源不断地产生电磁辐射。围绕在人类身边的天然磁场、家用电器等都会发出强度不同的辐射。电磁辐射是物质内部原子、分子处于运动状态的一种外在表现形式。

对我们生活环境有影响的电磁辐射分为天然电磁辐射和人工电磁辐射两种。大自然引起的如雷、电一类的电磁辐射属于天然电磁辐射类；而人工电磁辐射则主要包括脉冲放电、工频交变磁场、微波、射频电磁辐射等。

电磁辐射一般指频率在3kHz（千赫）～300GHz（吉赫）的电磁波产生的辐射，是由变化的电场和变化的磁场相互作用而产生的一种能量流。广播、电视、通信等信号的传输

就是利用了电磁辐射的特性。

6. 什么是频率和波长？

物质在1秒（s）内完成周期性变化的次数叫做频率，常用 f 表示，单位为赫兹（Hz）。波长通常是指相邻两个波峰或波谷之间的距离，常用 l 表示，单位为米（m）。电磁波的频率 f 和波长 l 是表征电磁场性质的物理量，二者密不可分，$l = c/f$ 是频率与波长的关系式，频率越高，波长越短，式中的 c 是电磁波的传播速度。在真空中，电磁波的传播速度（光速）约为 3×10^{8}m/s，即约30万km/s。

频率 / 波长决定了电磁场的性质。不同频率 / 波长的电磁波与物质相互作用的方式不同，这也决定了人类应用电磁场的方式。50Hz属极低频，是我国的工业频率，人们用来传输电能；

526.5 ～ 1 606.5kHz 是我国的中波广播频段，用于传播广播节目；890 ～ 909MHz（上行）及 935 ～ 954MHz（下行）是我国中国移动GSM900 通信频段，用于传输移动通信信息；微波炉是常见的家用电器，它使用的频率是 2.45GHz。

7. 什么是电磁场的功率密度?

功率密度是垂直于传播方向上单位截面积上电磁波功率，用 S 表示，单位为瓦 / 米²（W/m^2）。对于频率在 30MHz 以上的无线电波一般用功率密度来评价其在环境中的强度。功率密度与电场强度、磁场强度的关系为：$S= EH =E^2/377 =377H^2$

式中：E 为电场强度，V/m；

H 为磁场强度，A/m。

功率密度是衡量高频电磁场辐射强度的重要指标。

8. 什么是电磁波谱?

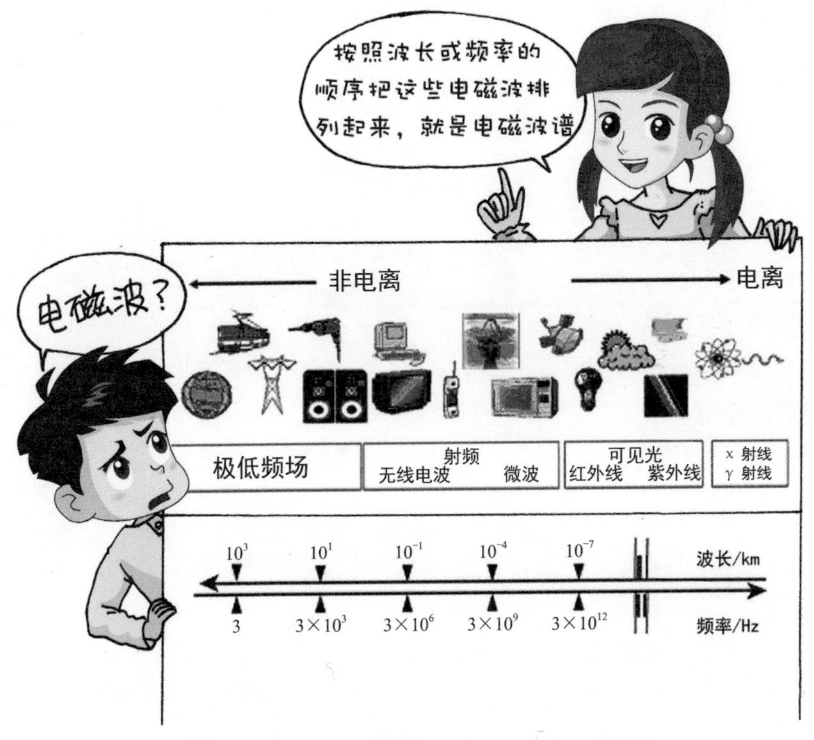

1887 年德国物理学家赫兹用实验证实了电磁波的存在，之后，人们又进行了许多实验，不仅证明光是一种电磁波，而且发现了更多形式的电磁波，它们的本质完全相同，只是波长和频率有很大的差别。按照波长或频率的顺序把这些电磁波排列起来，就是电磁波谱。

按频率从高到低排列，波谱可以划分为 γ 射线、X 射线、紫外线、可见光、红外线、微波、射频、无线电波、工频电磁场等。尽管 γ 射线和 X 射线本质上都属于波长极短的电磁波，但它们属于电离辐射的范畴。

9. 电磁波的主要作用有哪些？

频率（波长）不同，电磁波与物质作用的方式及其应用领域会有很大差别。如，无线电频率用于广播、通信，红外线用于加热、夜视、天文气象研究，等等。这里列出了一些常见波长范围：

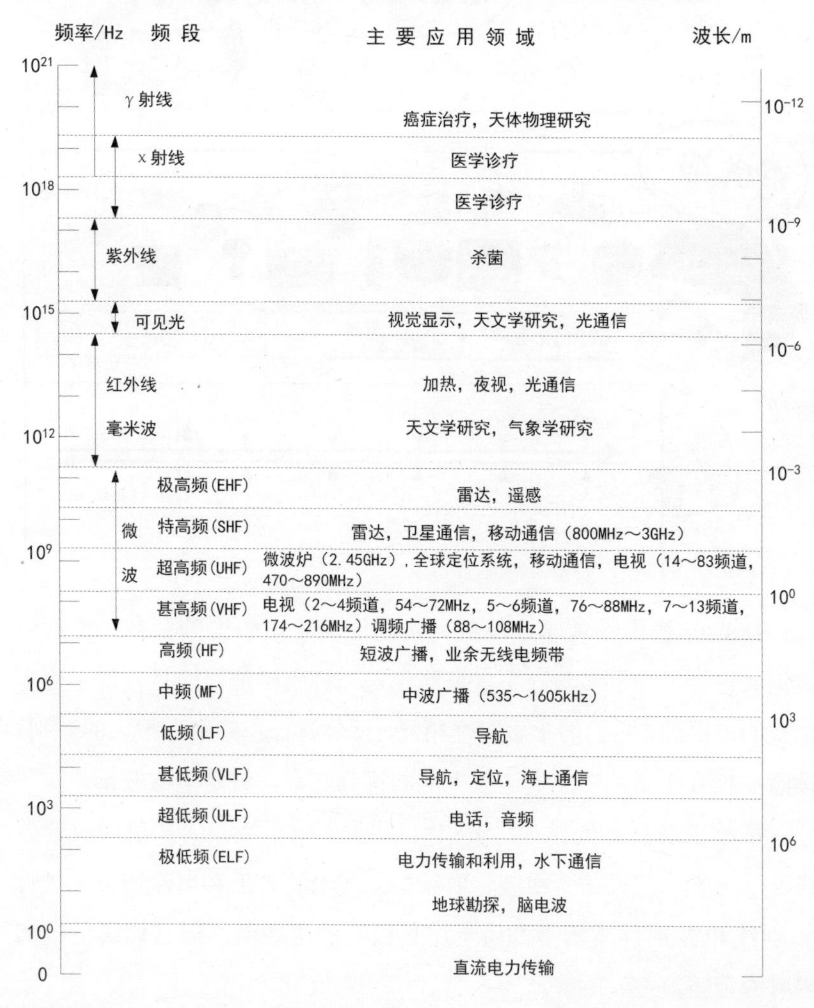

无线电波 3 000m ～ 0.3mm；

红外线 0.3mm ～ 0.75μm；

可见光 0.7 ～ 0.4μm；

紫外线 0.4μm ～ 10nm；

X 射线 10 ～ 0.1nm；

γ 射线 0.1 ～ 0.001nm；

宇宙射线小于 0.001nm。

10. 什么是低频电场、低频磁场？

一般地，我们可以认为频率在 300kHz 以下的交变电磁场为低频电磁场。其产生的电场、磁场称为低频电场、低频磁场。输电线路、家用电器产生的随着时间变化的电磁场的频率是 50Hz，属极低频电磁场（ELF）。极低频电磁场的频率通常小于 300Hz。

11. 什么是高频电磁场？

一般频率在 300kHz ～ 300GHz 的电磁场称为高频电磁场，或中高频电磁场。其中甚高频的频率为 30 ～ 300MHz，超高频的频率为 300MHz ～ 3GHz，特高频的频率为 3 ～ 30GHz，极高频的频率为 30 ～ 300GHz。广播、电视、手机、微波炉和雷达等利用的是高频电磁场，属无线电、微波频率。人类可以利用此类电磁场远距离传输信息，是全世界广播、电视和电信存在的基础；微波炉利用的是 2 ～ 3GHz 范围的高频电磁场，用来快速加热食物。

12. 什么是电磁感应场？

只要有电荷存在，其周围就会产生感应电场，有电流就会产生感应磁场，这称为电磁感应场。电磁波的感应场不同于高频产生的辐射场，其电场和磁场二者单独存在，不能互相转换，也不能向外辐射。电磁感应场的特点是随着与感应源距离的增加迅速衰减，感应场的影响范围非常小。

高压线、变电站和家用电器的工作频率是50Hz，波长达6 000km，不能形成有效的电磁辐射波，只在其周围形成工频感应电场和工频感应磁场，即电磁感应场。所有的电子设备（包括家用电器）和电线等，只要有电流通过，它们周围都会感应出电场和磁场。

13. 电磁辐射为什么又称非电离辐射？

在电磁波谱中，X 射线和 γ 射线具有更高的频率，这些电磁波携带的能量足以破坏分子化学键，能够使物质电离，故称作电离辐射。日常生活中利用到的电力、无线电、微波等，由于其处于电磁波谱中频率相对低、波长相对长的一端，它们的光子没有能力破坏化学键的能力，故又称为非电离辐射。

14. 我们能离开电磁场吗？

在人类认识电磁场之前，电磁场就一直在自然界中存在，包括地球自身的电磁场、闪电产生的电磁场以及来自太阳和其他星球的电磁辐射场等。电磁场伴随着人类的产生、进化和演变。它看不见、摸不着，人类最开始也不能确认它是否存在，但是它确确实实存在，就像一个你不认识的人，你虽然不认识他，但是他就在那里，人类并不是创造了电磁场，只是发现了它，认识了它，最后利用了它。

今天，我们的生活早已经离不开电磁场。电磁原理已经应用于生产和生活的各个环节，为人类创造了巨大的物质文明。例如常用的手机、电视、吹风机、电磁炉、微波炉、计算机、冷气等家用电器，甚至电气火车、输变电设备等公共设施都离不开电磁场，我们根本无法想象如何生活在一个没有电磁场的世界。当然，对于电磁场的广泛利用，也将人类带进了一个充满人造电磁场的环境之中，我们应该不断探索、开发、利用电磁场资源，同时正确认识、评估其环境影响，规避健康风险。这样才能既发挥电磁场的价值，也保障人类的健康。

15. 电磁场的利用经历了哪些发展历程？

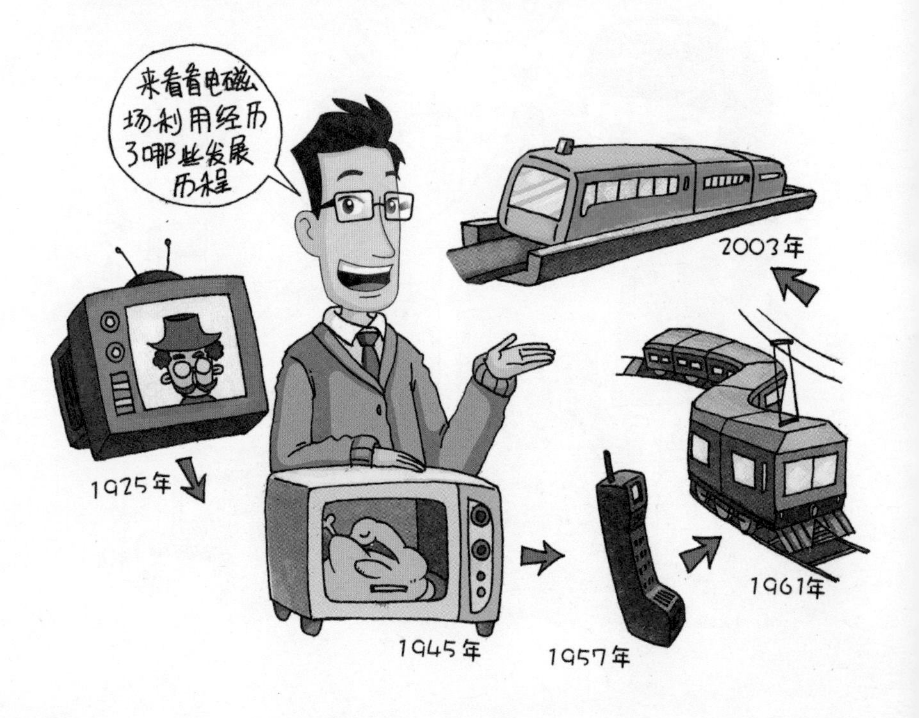

电与磁是大自然中一直存在的现象，例如闪电与磁石。

人类很早就知道运用电与磁来改善生活，如我国早在战国时期就用天然磁铁矿石琢成一个勺形，放在一个刻着方位的光滑盘上，利用磁铁指南的作用辨别方向，是现在所用指南针的始祖。

1831 年，法拉第发现了著名的电磁感应定律，此后电磁场的利用越来越深入。

1875 年，巴黎北火车站建成世界上第一座火电厂，为附近照明供电。

1876 年，亚历山大·格莱厄姆·贝尔发明了电话。

1906 年圣诞节前夜，美国的费森登和亚历山德逊在纽约附近设立了一个广播站，并进行了有史以来第一次广播。

1925 年，英国人约翰·洛吉·贝尔德发明了电视。

1945 年，美国工程师珀西·勒巴朗·斯本塞发明了微波炉。

1957 年，苏联工程师库普里扬诺维奇发明最初的手机；1973 年 4 月，美国著名的摩托罗拉公司工程技术员马丁·库帕开发出美国第一部推向民用的手机，马丁·库帕也被称为“现代手机之父”。

1961 年 8 月 15 日，我国建成第一条电气化铁路——宝成铁路宝（鸡）凤（州）段。

2003 年 1 月 4 日，世界上第一条高速磁悬浮铁路商业运行线——上海磁悬浮列车示范线，正式开始商业运营。

16. 电磁发射设施包括哪些？

通常的电磁发射设施，即无线电发射设施，包括：中波广播发射台、短波广播发射台和调频广播电台、电视台、雷达、卫星地球站等。这些发射设施都是利用无线电的电磁辐射特性来传播有用信号的。移动通信系统也属于电磁发射设施，由于其数量多，与公众关系密切，将在下一章专门介绍。

第二部分
通信基站电磁场

17. 现代移动通信技术经历了哪些发展阶段？

移动通信是指移动体之间或移动体与固定体之间的通信，通信中至少有一方可移动。移动通信系统主要包括移动交换机、通信基站和手机，如图所示。

现代移动通信系统经历了四代的发展：

第一代移动通信系统（1G）是一种模拟和半模拟的移动网络，出现于20世纪80年代，1G系统主要提供语音和语音相关的业务，目前在国内已停止使用。

第二代移动通信系统（2G）引入了数字无线电技术组成的数字蜂窝移动通信系统，除了能够提供语音和语音相关的业务外，还能够提供数据业务以及更复杂的辅助业务，提供更高的网络容量，改善了话音质量和保密性，并为用户提供无缝的国际漫游。我们都知道，2G最成功的商业应用是全球移动通信系统（GSM）。

第三代移动通信系统（3G）是一种能提供多种类型、高质量多媒体业务，能够处理图像、音乐、视频流等多种媒体形式，提供包括网页浏览、电话会议、电子商务等多种信息服务，并实现全球无缝漫游的移动通信系统。目前，国际电联接受的主流3G标准有三种：WCDMA、CDMA2000和TD-SCDMA。

第四代移动通信系统（4G）是真正意义的高速移动通信系统，用户速率20Mbit/s。4G支持交互多媒体业务，高质量影像，3D动画和宽带互联网接入，是宽带大容量的高速蜂窝系统。

从第一代到第四代移动通信系统，其通信制式都发生了变化，越来越先进、智能，功率越来越低，其辐射水平总体来说也是越来越小的。

18. 什么是移动通信基站？

移动通信基站是移动通信终端（手机）和移动通信网络设备之间通过无线通道连接起来、实现用户在移动中相互通信的桥梁。

移动通信基站的主要设备包括：收发信机、馈线、天线。收发信机是将收信和发射两部分都装置在一个机箱或机架上的通信设备；馈线的主要任务是有效地传输信号能量，因此，它应能将发射机发出的信号功率以最小的损耗传送到发射天线的输入端，或将天线接收到的信号以最小的损耗传送到接收机输入端；天线是一种变换器，它把传输线上传播的导行波，变换成在空间中传播的电磁波，或者进行相反的变换，即在无线电设备中用来发射或接收电磁波的部件。

基站的电磁信号是通过天线进行传播覆盖的，收发信机、馈线以及架设天线的铁塔都是不发射电磁波的。

移动通信基站分为宏蜂窝基站和微蜂窝基站，我们通常所说的基站都是指宏蜂窝基站。

19. 移动通信基站长什么样？

基站的天线一般使用定向天线，采取三扇区配置，即每个基站有3个天线板，每个天线板水平方向覆盖范围为120°。这样，基站信号就能够在其周围形成360°的全向覆盖。

对于城区基站，由于用户量大，基站密集，为避免相邻基站出现干扰，一般会降低发射功率，减小覆盖范围。城区基站的覆盖半径一般为300～500m，郊区一般为1km到几千米，覆盖公路和山区的基站可达十几千米。

20. 什么是蜂窝移动电话？

所谓蜂窝移动电话是指将移动电话服务区划分为若干个彼此相邻的小区，每个小区设立一个基站的网络结构。由于每个小区呈正六边形，又彼此邻接，从整体上看，形状酷似蜂窝，所以人们称它为蜂窝网。用若干蜂窝状小区覆盖整个服务区的大、中容量移动电话系统就叫做蜂窝移动电话系统，简称蜂窝移动电话。

移动通信网络主要为蜂窝结构系统，即将整个网络服务区域划分为若干小区，每个小区分别设有一个或多个基站，用以负责本小区移动通信的联络和控制等功能。

蜂窝移动电话系统主要由移动台（汽车电话、手机等），无线基站以及移动电话交换中心组成。每个小区基站均与移动电话交换中心连接，形成一个蜂窝移动电话网。移动电话网还与市内公用电话网以及国内、国际长途电话网相连，使移动电话用户不仅可以与网内的移动电话用户通电话，还可以与更大范围内的移动用户和固定用户通电话。

蜂窝技术就是移动通信的基础。其优点是：第一，频率复用，有限的频率资源可以在一定的范围内被重复使用。第二，小区分裂，当容量不够的时候，可以减小蜂窝的范围，划分出更多的蜂窝，进一步提高频率的利用效率。

21. 什么是微蜂窝基站？

微蜂窝基站是一种为完善信号覆盖、解决高密度话务的移动通信基站架设方式。它的发射功率小，仅为几毫瓦到几瓦；覆盖范围小，仅为几米到几十米。微蜂窝基站主要采用吸顶天线。

微蜂窝型基站系统应用的主要目的是解决一些信号难以覆盖的盲点区和阴影区，比如隧道、地下车库、地下通道、地下商场、高层建筑物低层和顶层等区域；其次，可以用于解决商业中心、交通要道、娱乐中心、会议中心等话务热点区域的信号覆盖，可以降低这些区域的通信阻塞率，改善通信质量；最后，微蜂窝型室内分布系统也常部署于高层建筑的中间层，可以有效避免手机的频繁切换甚至掉线。

22. 我们身边有哪些常见的基站？

我们一般所能看到的基站是基站的天线部分。常见的有 3 种类型：

（1）天线直接安装于建筑物楼顶平台上，其主要特点是天线架设占用地方小，位置选择灵活，安装简单容易，维修调试方便。

（2）天线以增高架方式安装于建筑物楼顶平台上，其特点是结构稳固，适应于安装各种不同类型的天线。在建筑物高度不够时，多采用这种架设方式。

（3）天线安装在落地单管塔或铁塔上，其特点是占地面积小，且天线可具有较高的高度，在郊区或农村用的较多，但投资大，且天线的调试维修较为困难，需要进行高空作业。

23. 移动通信基站的电磁辐射有什么特点？

移动通信基站的电磁辐射主要有以下 3 个特点：

（1）电磁波在空间传播具有衰耗性，移动通信基站发出的电磁辐射随距离的增加快速衰减，在人们能够经常到达的区域，辐射水平均低于国家标准（0.4W/m^2），不会对居民的健康造成危害。

（2）基站天线电磁辐射具有较强的方向性，移动通信基站发射的电磁波主要是对附近区域进行一个水平方向的覆盖，就像我们打开的一把雨伞，其向下方向的能量很小，同时建筑物也对电磁场具有较强的屏蔽作用。因此，建在楼顶的基站天线对楼内的居民不会带来影响。

（3）微蜂窝基站的发射功率比一般的移动通信基站小，其周围环境的电磁辐射强度也比一般基站的小。在微蜂窝天线附近公众活动的区域，电磁辐射功率密度值均小于国家标准。

移动通信基站在设计上考虑了环境保护的要求，基站建设会按照法规要求履行环境影响评价和环保竣工验收制度，不会对我们的工作和生活造成影响。

24. 国际标准中的基站电磁辐射限值是多少？

国际非电离辐射防护委员会（ICNIRP）以科学资料对健康风险的评估为基础，确定了电磁场暴露阈值。阈值确定的判据是低于该水平的电磁场暴露，没有发现健康危害。考虑到确定该阈值时可能会存在一些不够精确的因素（该阈值可能偏大或偏小），确定暴露限值时又考虑了一个安全裕量。根据国际非电离辐射防护委员会

频率范围	功率密度/(W/m²)
400～2000 MHz	f/200
2～300 GHz	10

（ICNIRP）1998 年出版《限制时变电场、磁场和电磁场暴露（300GHz 以下）导则》，公众暴露限值如上表所示。

25. 国家标准中的基站电磁辐射限值是多少？

移动通信基站的工作频率在 800 ～ 3 000MHz 范围内，执行我国《电磁环境控制限值》（GB 8702—2014）中的标准限值 0.4 W/m^2。对照 27 页和本表中给出的数据可见，我国的电磁辐射标准与国际标准相比更加严格，已经给出了很大的安全裕量。实际的移动通信基站的电磁辐射水平满足我国电磁辐射相关的标准要求，对公众的身体健康无害。

国家 / 组织	公众照射导出限值		
	标准 /（W/m^2）	以第三代移动通信基站，2 000MHz 为例	以第二代移动通信 GSM 基站，900MHz 为例
中国	0.4	0.4W/m^2（即 40μW/cm^2）	0.4W/m^2（即 40μW/cm^2）
国际非电离辐射防护委员会	f/200（400 ～ 2 000MHz）	10W/m^2（即 1 000μW/cm^2）	4.5W/m^2（即 450μW/cm^2）
	10（2 ～ 300GHz）		
欧盟	f/200	10W/m^2（即 1 000μW/cm^2）	4.5W/m^2（即 450μW/cm^2）
美国	f/150	13.33W/m^2（即 1 333μW/cm^2）	6W/m^2（即 600μW/cm^2）

注：f 为以 MHz 为单位的频率值。

26. 基站电磁辐射会不会对人体健康产生影响？

2006 年 5 月，世界卫生组织（WHO）发布了电磁场与公共卫生第 304 号实况报告《基站和无线技术》，报告指出：“考虑到其极低的接触水平和迄今收集的研究结果，没有令人信服的科学证据表明基台和无线网络微弱的射频信号会造成不良的健康影响。”

2006 年 6 月，WHO 发布了《移动通信及其基站》的实况报告指出：“最近的任何一项研究，都没有得出暴露于移动电话或其基站的射频场会对健康带来任何有害影响。”

2011 年 6 月，世界卫生组织（WHO）发布了电磁场与公共卫生第 193 号实况报告《移动电话》指出，“在过去二十几年中，进行了大量研究以评估移动电话是否会带来潜在的健康风险。迄今为止，尚未证实移动电话的使用对健康造成任何不良后果。”

DIANCI FUSHE ANQUAN
ZHISHI WENDA

第三部分
广播电视等发射设施电磁场

27. 如何划分无线电波？

无线电波是指在自由空间（包括空气和真空）传播的电磁波，其频率在 3kHz ～ 300GHz，也称为射频波。无线电波可划分为长波、中波、短波、超短波、微波。

长波（包括超长波）是指频率为 300kHz 以下的无线电波。适用于无线电测向、无线电导航，以及对潜艇的通信和远洋航行的舰艇通信等方面。由于长波需要庞大的天线设备，我国广播电台没有采用长波波段。

中波是指频率为 300kHz ～ 3MHz 的无线电波。主要用于中波广播、通信。

短波是指频率为 3 ～ 30MHz 的无线电波。主要用于短波广播、通信。

超短波是指波长为 1 ～ 10m（频率为 30 ～ 300MHz）的无线电波。用于导航、电视、调频广播、雷达、固定和移动通信业务、医用超短波治疗仪等方面。

微波频率为 300MHz ～ 300GHz 的电磁波。用于通信、加热、杀菌等。

28. 电磁辐射设施的无线电波有哪些传播方式？

无线电波在传播过程中因传播的波长不同而具有不同的传播方式。主要分为地波传播、天波传播和视距波传播（又称空间波传播）。

地波传播是指无线电波在两点间沿着地面传播的模式。地波传播是沿地球表面进行的，不会随时间变化，受天气影响小，因此传播稳定。地波传播与地面的平坦性和地面的地质情况有关。频率相对低的长波、中波等多为地波传播。

天波传播是指利用电离层反射的传播方式。所谓电离层，是地面上空 40 ～ 800km 高度电离的气体层，包含有大量的自由电子和离子，主要是由大气中的中性气体分子和原子，受到太阳辐射出的紫外线和带电微粒的作用而形成的。短波（即高频）是利用电离层反射传播的最佳波段，它可以借助电离层这面“镜子”反射传播，实现远距离传输。例如，频率高一些的短波广播为天波传播。

视距波传播是指在发射天线和接收天线间能相互“看见”的距离内，电波直接从发射点传播到接收点的一种传播方式。频率更高的超短波及微波广播、通信，如电视台、调频广播、移动通信基站、雷达、卫星等均属于视距波传播。

无线电波在传播过程中都是随着距离的增加而衰减的，一般来说，频率越高，衰减越快。

29. 中波广播电台的辐射影响特点是什么？

中波广播的频率范围为 526.5 ～ 1 606.5kHz。根据电波传播特性，中波广播的传播方式主要是地波传播。地波在传播过程中要不断消耗能量，而且频率越高损失越大。因此中波的传播距离一般在几百千米范围内，收音机在中波段一般只能收听到本地或邻近省市的电台。

中波波段在 0.1 ～ 3MHz，执行 40V/m 的限值。中波广播发射功率较大，采取地波传播方式，传播过程中电磁波衰减相对较慢，由于中波广播电台厂址面积和控制区范围较大，因此，控制区域外环境中的电磁场水平满足国家标准要求。

30. 短波电台的电磁辐射影响特点是什么？

短波电台使用的频率为3～30MHz，是对国外广播的最经济、最有效的手段。短波天线是天波传播，利用电离层对电波的反射，可以进行从数百千米的中、近距离到数千千米的远距离广播和通信。

短波波段不同的频率对应不同的标准限值，综合评价时按《电磁环境控制限值》（GB 8702—

2014）中多个频率评价公式进行比较。短波利用天波传播，电磁波主要向天空发射，其传播是通过电离层对电波的反射实现的。在长距离的传播过程中，短波的衰减较大。而且，短波电台往往设在郊区，对环境的影响相对较小。

31. 电视塔、调频广播电台的电磁辐射影响特点是什么？

我国电视和调频广播的频率范围是 48.5 ～ 960MHz，属于超短波或称分米波频段，电磁波为空间直线传播。在我国，电视、调频设备都安装在同一发射台，电视和调频广播绝大部分共用同一发射塔，而且大多建在人口稠密的城市中心。由于设计新颖，建筑高度高，广播电视塔独特的风格已成为一个城市的象征。

调频广播和电视台频道在 30 ～ 3 000MHz，执行 0.4 W/m^2 的限值。调频广播和电视发射塔采用直射波传播方式，虽然发射功率大，但是天线架设高度很高，且由于发射频率较中、短波高，电磁波衰减相对更快，对公众能够到达的地方电磁环境影响较小，通常小于 0.1W/m^2。

32. 卫星地球站的电磁辐射影响如何？

卫星地球站的上、下行频率多使用 6GHz/4GHz，目前正在推广的更高上、下行频率为 14GHz/11GHz。卫星通信系统由地球站、卫星和用户组成，用于电话、电报、传真、电视和数据传输等通信业务。地球站是用户与卫星通信系统的接口，卫星在空中起中继作用，接收地球站发射上来的信息并返送回另一地球站，地面用户通过地球站访问卫星系统。

卫星地球站频段在 3 000 ～ 15 000MHz，不同的频率对应不同的标准限值，综合评价时按《电磁环境控制限值》（GB 8702—2014）中多个频率评价公式进行比较。卫星地球站天线的发射方向朝向天空，方向性很强，为微波定向通信，对周围的环境影响较小。

33. 雷达的电磁辐射影响如何？

雷达的频段范围一般为米波到毫米波波段。不同的频率对应不同的标准限值，综合评价时按《电磁环境控制限值》（GB 8702—2014）中多个频率评价公式进行比较。雷达由发射机、发射天线、接收机、接收天线和处理、显示部分组成，发射机通过发射天线把电磁波射向空中，被位于发射方向上的空中物体反射；接收天线接收反射波，送至接收设备处理。雷达的功能与眼睛和耳朵相似，是利用电磁波探测目标的电子设备，用于导航、天气预报、军事等各种用途。

雷达发射的电磁波射向空中，用于探测空中特定方向的物体，在公众能够到达的区域，雷达所形成的电磁辐射是满足国家标准要求的。

DIANCI FUSHE ANQUAN
ZHISHI WENDA

电磁辐射安全知识问答

第四部分
高压输电线和变电站电磁场

34. 输电方式有哪些？

输电是将发电站发出的电能通过高压输电线路输送到消费电能的地区（也称负荷中心），或进行相邻电网之间的电力互送，使其形成互联电网或统一电网，以保持发电和用电或两个电网之间供需平衡。

输电方式有交流输电和直流输电两种。通常所说的交流输电是指三相交流输电。直流输电则包括两端直流输电和多端直流输电，绝大多数的直流输电工程都是两端直流输电。

对于交流输电而言，输电网是由升压变电站的升压变压器、高压输电线路、降压变电站的降压变压器组成。在输电网中输电线、杆塔、绝缘子串、架空线路等称为输电设备；变压器、电抗器、电

容器、断路器、隔离开关、接地开关、避雷器、电压互感器、电流互感器、母线等一次设备以及确保安全、可靠输电的继电保护、监视、控制和电力通信等二次设备等集中在变电站内的设备称为变电设备。对于直流输电来说，它的输电功能由直流输电线路和两端的换流站内的各种换流设备（包括一次设备和二次设备）来实现。

35. 配电和用电环节是怎样实现的？

配电是在消费电能的地区接收输电网受端的电力，然后进行再分配，输送到城市、郊区、乡镇和农村，并进一步分配和供给工业、农业、商业、居民以及特殊需要的用电部门。与输电网类似，配电网

主要由电压相对较低的配电线路、开关设备、互感器和配电变压器等构成。配电网几乎都是采用三相交流配电网。

用电主要是通过安装在配电网上的变压器，将配电网上电压进一步降低到 380V 线电压的三相电或 220V 相电压的单相电，然后经过用电设备将电能转换为其他形式的能量。

36.直流输电与交流输电有哪些区别？

直流输电是将三相交流电通过换流站整流变成直流电，然后通过直流输电线路（单回为两根导线，正负极导线）送往另一个换流站

逆变成三相交流电的输电方式。它基本上由两个换流站和直流输电线组成，两个换流站与两端的交流系统相连接。

直流输电和交流输电各有其特点，在现代电网中，直流输电和交流输电相互配合，发挥各自的特长。在以交流输电为主的电网中，直流输电具有特殊的作用。除了在采用交流输电有困难的场合必须采用直流输电外，它还能提高系统的稳定性，改善系统运行性能并方便其运行和管理。

直流输电与交流输电技术的比较：

（1）经济性：直流输电线造价低于交流输电线路，但换流站造价却比交流变电站高得多。一般认为架空线路超过 600 ～ 800km，电缆线路超过 40 ～ 60km，直流输电较交流输电经济。

（2）可靠性：交流输电故障频率较低，严重故障和多重故障后的持续时间较长；直流输电可用率较低，单极故障的频率较高，但故障持续时间短。

（3）适用范围：采用交流输电方式中间可以落点，具有电网功能，输送容量大、覆盖范围广；采用直流输电方式中间不能落点；输送容量大、输送距离长。

交流联网时电网之间会产生相互影响，在电网结构比较薄弱的电网中安全稳定性问题可能比较突出；直流联网时运行管理简单方便，一侧电网发生故障时不易波及另一侧，两网之间无稳定性问题，还可将不同频率或不同步的系统互联。直流输电控制方便、速度快，但系统比较复杂，要求技术比交流输电的高。

交流线路（包括变压器）有功功率损耗与输送功率的比值较小，路损耗较大；直流线路（包括换流变压器）有功功率损耗与输送功率的比值较大，直流输电线路不输送无功功率，无需装设补偿用的并联电抗器，但整流器和逆变器在进行换流时，均需一定量的无功功率，一般为额定直流容量的 50% ～ 60%。

37. 交流电与直流电输电之争故事是怎样的？

关于电能的输送方式，是采用直流输电还是交流输电，在历史上曾引起过很大的争论。

我们都知道，爱迪生是美国伟大的发明家。尼古拉·特斯拉是前南斯拉夫的发明家，与爱迪生同时代，他发明了交流电，磁感应强度单位就是以他的名字命名的，直流电与交流电的“斗争”就从他与爱迪生之间的矛盾开始。

在早期，工程师们主要致力于研究直流电，发电站的供电范围也很有限，而且主要用于照明，还未用作工业动力。例如，1882 年爱迪生电气照明公司（创建于 1878 年）在伦敦建立了第一座发电站，安装了三台 110V“巨汉”号直流发电机，这是爱迪生于 1880 年研制的，这种发电机可以为 1 500 个 16W 的白炽灯供电。

因为仰慕爱迪生，1884 年特斯拉就到美国加入爱迪生的公司。但特斯拉和爱迪生天生就属于水火不相融的人，他们两人之间存在严重的分歧。爱迪生注重实践，是位凭经验在摸索中进行发明的人；特斯拉是那种注重理论的人，他认为实验必须要有理论依据做基础，而不是像爱迪生那样光一根灯丝就做了 1 000 多种尝试。后来，特斯拉从爱迪生的公司辞职。

1880 年，特斯拉发明了世界上第一台交流电发电机。他坚信交流电终有一天会使供电范围更广，成本更低。离开爱迪生之后，特斯拉将交流电引向实际应用。1888 年，特斯拉成功地建成了一个交流电电力传送系统。他设计的发电机比直流发电机简单、灵便，而他设计的变压器又解决了长途送电中的固有问题。这大大打击了爱迪生大力推广的直流电。因为随着科学技术和工业生产发展的需要，电力技术在通信、运输、动力等方面逐渐得到广泛应用，社会对电力的需求也急剧增大。由于用户的电压不能太高，因此要输送一定的功率，就要加大电流（$P=IU$）。而电流愈大，输电线路发热就愈厉害，损失的功率就愈多；而且电流大，损失在输电导线上的电压也大，使用户得到的电压降低，离发电站愈远的用户，得到的电压也就愈低。直流输电的弊端，限制了电力的应用，促使人们探讨用交流输电的问题。爱迪生虽然是一个伟大的发明家，但是他没有受过正规教育，缺乏理论知识，难以解决交流电涉及的数学运算，阻碍了他对交流电的理解，所以在交、直流输电的争论中，成了保守势力的代表。爱迪生认为交流电危险，不如直流电安全。

但是，实践证明交流电具备很多优点。为了改变公众对交流电的印象，特斯拉聘请记者作为他的新闻顾问。在记者的安排下，1893 年，特斯拉在芝加哥的世界博览会记者招待会上，用电流通过自己的身体，点亮了电灯，甚至还熔化了电线，使在场的记者一个个惊讶得目瞪口呆，取得了极大的传播效果。由此改变了公众对交流电的看法，使世界步入了交流电时代。

交流电危险

1912 年，由于特斯拉和爱迪生在电力方面的贡献，两人被同时授予诺贝尔物理学奖，但是两人都拒绝领奖，理由是无法忍受和对方一起分享这一荣誉。

随着科学的发展，为了解决交流输电存在的问题，寻求更合理的输电方式，人们现在又开始采用直流超高压输电。但这并不是简单地恢复到爱迪生时代的那种直流输电。发电站发出的电和用户用的电仍然是交流电，只是在远距离输电中，采用换流设备，把交流高压变成直流高压。

38. 我国的电压是如何划分等级的？

输电系统的电压等级一般分为高压、超高压和特高压。

在国际上，对于交流输电系统，通常把 35 ～ 220kV 的输电电压等级称为高压（HV），把 330 ～ 750（765）kV 的输电电压等级称为超高压（EHV），而把 1 000kV 及以上的输电电压等级通称为特高压（UHV）。另外，一般把 ±500kV 电压等级的直流输电

系统称为高压直流输电系统（HVDC）。

我国高压输电有交流和直流两种方式。在交流输电电压等级中，110kV、220kV 称为高压，330 ～ 750kV 称为超高压，1 000kV 及以上称为特高压。在直流输电电压等级中，±400kV、±500kV、±660kV 称为超高压，±800kV 及以上称为特高压。采用高电压等级输电，可以高效、高质量地把电送到更远的地方。

我国除了西北电网（电压等级序列分别为 750/330/110/35/10/0.38kV 和 220/110/35/10/0.38kV）外，大部分电网的电压等级序列是 500/220/110/35/10/0.38kV。电能送到负荷中心后经过地区变电站降压到 10kV，然后再由 10kV 配电线路输送到配电变压器，最后经过配电变压器将电压变成 0.38kV 供电力用户使用，对于单相用户，其相电压就是我们俗称的民用 220V 交流电。

39. 什么是换流站？

换流站是指在高压直流输电系统中，为了完成将交流电变换为直流电或者将直流电变换为交流电的转换，并达到电力系统对于安全稳定及电能质量的要求而建立的站点。

换流站是具有整流站、逆变站功能或同时具有整流站、逆变站功能的高压直流系统设施。由安装在一个地点的一个或多个换流器，与相应的建筑物、变压器、电抗器、滤波器、无功补偿设备、控制、监视、保护、测量设备和辅助设备组成。

40. 什么是变电站？

变电站是电力系统的一部分，其功能是变化电压等级、汇集配送电能，主要包括变压器、母线、线路开关设备、建筑物及电力系统安全和控制所需的设备。变电站是联系发电厂和用户的中间环节，起着变换和分配电能的作用。按照变电站在电力系统中的地位和作用划分为如下几类：

（1）系统枢纽变电站：枢纽变电站位于电力系统的枢纽点，它的电压是系统最高输电电压，目前电压等级有 220kV、330kV（仅西北电网）和 500kV，枢纽变电站连成环网，全站停电后，将引起系统解列，甚至整个系统瘫痪，因此对枢纽变电站的可靠性要求较高。枢纽变电站主变压器容量大，供电范围广。

（2）地区一次变电站：地区一次变电站位于地区网络的枢纽点，是与输电主网相连的地区受电端变电站，任务是直接从主网受电，向本供电区域供电。电压等级一般采用220kV或330kV。地区一次变电站主变压器容量较大，出线回路数较多，对供电的可靠性要求也比较高。全站停电后，可引起地区电网瓦解，影响整个区域供电。

（3）地区二次变电站：地区二次变电站由地区一次变电站受电，直接向本地区负荷供电，供电范围小，主变压器容量与台数根据电力负荷而定。全站停电后，只有本地区中断供电。

（4）终端变电站：终端变电站在输电线路终端，接近负荷点，经降压后直接向用户供电，全站停电后，只是终端用户停电。

我们还可以按照变电站安装位置将其划分为室外变电站、室内变电站、地下变电站、箱式变电站、移动变电站等；也可以按照值班方式划分为有人值班变电站和无人值班变电站；也可根据变压器的使用功能划分为升压变电站和降压变电站。

41. 什么是高压输电？

高压输电是通过发电厂用变压器将发电机输出的电压升压后传输的一种方式。之所以采用这种方式输电是因为在同输电功率的情况下，电压越高电流就越小，这样高压输电就能减少输电时的电流从而降低因电流产生的热损耗和降低远距离输电的材料成本。

42. 为什么输电系统要采用高压输电？

人们也许会存在这样的疑问：既然我们的生活用电都是220V，那为什么输电系统要采用这么多不同等级的电压呢？这要从输电线路上损耗的电功率谈起，当电流通过导线时，就会有一部分电能变为

热能而损耗掉了。从减少输电线路上的电功率损耗和节省输电导线所用材料两个方面来说，远距离输送电能要采用高电压或超高电压。

电网的发展不是一蹴而就的，而是一步一步发展起来的。在1949年之前，我国电力工业发展缓慢，输电线路建设同样迟缓，输电电压按具体工程决定。因而，我国当时的电压等级繁多。1908—1943年，建成了22kV、33kV、44kV、66kV、110kV和154kV等电压等级的输电线路。1949年新中国成立以后，才开始按电网发展规划统一电压等级，之后逐渐形成了经济合理的电压等级序列。每一个电压等级的建立都应以满足其投入后20～30年大功率电能的输送需求为基准。1981年以前，我国主要以220kV电压等级的电网为骨干网架。1981年以后，随着我国第一条500kV交流输电系统（平武线）的建成，我国至今已经形成了以500kV电压等级为主要网架的超高压电网。目前，面临大规模、远距离输电以及全国联网的需要，我国进行了1 000kV交流和±800kV直流特高压输电试验示范工程的建设，并建立了用于深入研究的特高压试验研究基地。

43. 高压输电为什么要采用不同等级？

不断增长的用电需求促进了发电技术，包括火力、水力和核电等发电技术向单位（千瓦）造价低、效率高的大型、特大型发电机组方向发展。而可用于大规模发电的能源基地在地理分布以及社会经济发展的历史又形成了电源和电力负荷地理分布上的不平衡。这种能源分布和需求的不平衡情况增加了远距离、大容量输电和电网互联的需求。一般通过理论计算和经验数据来决定输电线路的输电电压等级、最大输送功率和输送距离，如表所示。

输电电压 /kV	输送容量 /MW	输送距离 /km
110	10 ～ 50	50 ～ 150
220	100 ～ 500	100 ～ 300
330	200 ～ 800	200 ～ 600
500	1 000 ～ 1 500	150 ～ 850
750	2 000 ～ 2 500	500 以上

尽管高压输电系统采用不同的电压等级有着多方面的原因，但是要遵循如下几条基本原则：（1）在遵守国家电压标准、依照电网电压序列和考虑电网发展的前提下，选择有利于提高全电网经济效益的适当的电压等级；（2）要从全电网出发，权衡全电网的经济效益，而不是仅仅局限于某输电线路工程的经济效益；（3）要兼顾规模效益和时间效益。

44. 什么是特高压输电？

特高压输电技术是指电压等级在 500kV 或 750kV 交流和 ±500kV 直流之上的更高一级电压等级的输电技术，包括交流特高压输电技术和直流特高压输电技术两部分。

我国是电能的生产大国和使用大国，地域广阔，发电资源分布和经济发展极不平衡。全国可开发的水电资源近 2/3 在西部的四川、云南、西藏；煤炭保有量的 2/3 分布在山西、陕西、内蒙古。而全国 2/3 的用电负荷却分布在东部沿海和京广铁路沿线以东的经济发达地区。西部能源供给基地与东部能源需求中心之间的距离达到 2 000 ～ 3 000km。对于这样远的距离，现有的超高压输电技术已经难于实现高效的电力输送，发展特高压电网可以有效地解决这个问题，实现电能的大规模和远距离输送，并有利于促进建设国家级电力市场，实现更大范围的资源优化配置。

我国发电能源分布和经济发展极不均衡的基本国情，决定了能源资源必须在全国范围内优化配置。只有建设由 1 000kV 交流和 ±800kV 直流构成的特高压电网，才能适应东西 2 000 ～ 3 000km，南北 800 ～ 2 000km 远距离、大容量电力输送需求，促进煤电就地转化和水电大规模开发，实现跨地区、跨流域的水火互济，将清洁的电能从西部和北部大规模输送到中、东部地区，满足我国经济快速发展对电力的需求。

除了实现电能的大规模和远距离输送的需求之外，特高压电网还可以大幅度提高电网自身的安全性、可靠性、灵活性和经济性，具有显著的社会、经济效益。主要体现在：（1）提高电网的安全性和可靠性；（2）减少走廊回路数，节约大量土地资源；（3）获得显著的经济效益；（4）减轻铁路煤炭运输压力，促进煤炭集约化开发；（5）促进西部大开发，增加对西部地区的资金投入，变资源优势为经济优势，同时减小中、东部地区环保压力，带动区域社会经济协调发展；（6）带动我国电工制造业技术全面升级。

45. 为什么要建设高压输电线和变电站？

我们知道，大规模的电能从生产到使用要经过发电、输电、配电和用电四个环节，这四个环节组成了电力系统，其中，输电环节是重要的组成部分。我们日常生活中所使用的电，都是由发电厂输送过来的。输电系统是由分布在辽阔地域的高压输电线路、变电站等组成的大型互联系统，也是最大的人造能量传送系统。

加快高压输电线路、变电站等输变电设施的建设是城市发展和居民生活用电的保障。为使发电厂发出的电能够传送到用电负荷地区，必须通过升压变电站变成高电压等级，通过电力线路送到负荷集中的城市和乡村，再经过不同层次的降压变电站将电压降低到电力用户需要的电压等级后，通过配电线路传送到千家万户。这样，我们就可以安全、方便、舒适地使用电能了。

现代电力系统具有规模巨大、结构复杂、运行方式多变、非线性因素众多、扰动随机性强等基本特征。电力系统不仅是现代人类社会的主要基础设施，也是衡量一个国家生活水平和工业化程度的重要标志。

46. 常见的发电方式有哪几种？

常见的发电方式主要有以下几种：

（1）火力发电：利用燃烧煤炭、石油、天然气等燃料产生的热能，使锅炉水管中的水受热成为高温高压的蒸汽，并推动汽轮机转动，进而带动发电机发电；

（2）水力发电：通过筑坝将位于高处的水向低处流动时的位能转换为动能，此时装设在水道低处的水轮机受到水流的推动而转动，将水轮机和发电机相连接，就能带动发电机转动从而将机械能转换为电能；

（3）核能发电：利用原子核分裂时产生的能量，将反应堆中的水加热产生蒸汽，在蒸汽的推动下，汽轮机带动发电机转动产生电能；

（4）风力发电：利用风力推动风车带动发电机发电；

（5）太阳热能发电：利用聚热装置将太阳热能聚集并加热水管中的水产生蒸汽，进而带动涡轮发电机发电；

（6）太阳光能发电：将具有光电效应的硅材料制成太阳能电池板，通过接收太阳光能的照射将光能转变成电能。

此外，还有磁流体发电、潮汐发电、海洋温差发电、波浪发电、地热发电、生物质能发电等多种发电方式。目前大规模的发电方式主要是火力发电、水力发电和核能发电。

47. 变电站一般建在什么地方？

首先介绍两个专业术语：负荷密度与经济供电半径。

表征负荷分布密集程度的量化参数是负荷密度。负荷密度指每平方千米的平均用电功率数值，以兆瓦每平方千米（MW/km^2）计量。根据《城市电力网规划设计导则》，市中心区是指市区内人口密集，行政、经济、商业、交通集中的地区。市中心区用电负荷密度很大，供电质量和可靠性要求高，对电网结线以及供电设施都应有较高的要求。负荷密度是负荷预测的常用方法。

由于输电线路在输送功率时，沿线会产生电压降。因此不同电压等级的线路，按受电端电能质量的要求，有最大供电距离（即供电半径）的要求。经济供电半径是指基于规划期限内，单位供电面积所需总计算费用最低的线路供电范围。此供电半径具有最佳的经济效益。这一指标与负荷密度密切相关，也与社会电价密切相关。

变电站的选址在满足电能质量的前提下，必定会受负荷分布和供电半径要求的制约，不可能随意远离人口密集地区。对于所有电压等级的变电站选址而言，负荷分布是一个重要考虑因素，甚至是一个决定性的因素。我国城市中心区，特别是人口密集区的负荷密度近年来呈现跳跃式的增长。我国相关规范中规定的线路额定电压与输送容量及输送距离（即经济供电半径）之间的关系参见下表：

线路额定电压 /kV	输送容量 /MW	输送距离 /km
0.38	<0.1	<0.6
6	0.1 ～ 1.2	15 ～ 4
10	0.2 ～ 2.0	20 ～ 6
35	2.0 ～ 10.0	50 ～ 20
110	10.0 ～ 50.0	150 ～ 50
220	100 ～ 300	300 ～ 100
330	200 ～ 1 000	600 ～ 200
500	800 ～ 2 000	1 000 ～ 400

为了满足城市人口密集地区不断增加的电力需求，确保供电质量与电力供应的可靠性，必须考虑变电站与变电站之间的电气连结。从上述需要出发，两个 110kV 变电站之间的最大距离大概就是供电半径的两倍。因此，人口密集区建设 110kV 变电站乃至 200kV 变电站及与之相配套的进出线，也成为必然的要求。

48. 为什么社区里面也要建设变电站？

根据《城市电力网规划设计导则》，变电站及相应进出线路的选址要考虑电力供应的可靠性要求。要符合电网供电安全准则，即城市高、中压安全供电通常要求是采用“N-1”准则，在供电安全特别重要的地方采用准“N-2”准则或“N-2”准则。

所谓“N-1”准则，即是为正常运行方式下的电力系统中任一元件（如线路、发电机、变压器等）无故障或因故障断开，电力系统应能保持稳定运行和正常供电，其他元件不至于过负荷，并保证电压和频率均在允许范围内。这就要求按电网规划，在一定距离内设置多个互为支持的变电站，以及相应的连结各变电站或变电站与用户间的电力线路。这就是我们总是看到遍布各处都是电线或电缆沟道的原因。

按照供电要求，一个变电站只能覆盖一定的区域。随着城市的发展、供电可靠性和电能质量要求的提高，新建的变电站只有进入居民区，才能把电力输送到附近的居民家中，满足居民的用电需要。比如说，社区的居民多了，公交公司就会在附近设置公交车站，满足居民需要。因此，很多变电站建设在社区周边或社区内。

49. 我国输电线的建设方式有哪些？

输电线的建设方式有两种，一种是架空线路，一种是地下电缆。

架空线路是指用绝缘子将输电导线固定在直立于地面的杆塔上以传输电能的输电线路。它由导线、架空地线 、绝缘子串 、杆塔、接地装置等组成。架空线路的架线形式有单塔单回、同塔双回、同塔四回。线路分裂方式有单导线、二分裂、四分裂、六分裂、八分裂。增加导线分裂方式，可以增加导线的截面积，提高输送能力，同时也可起到降低输电损耗，并降低电晕产生的无线电干扰场强的作用。

电缆因常埋于地下，又称地下电缆，是由一根或多根相互绝缘的导体外包绝缘层和保护层制成，用于将电力或信息从一处传递到另一处的导线。不同于高架高压线路，电缆常铺设于电缆沟、隧道、管道或室内。进入现代社会后，由于城市用地紧张，交通压力大，市容建设等原因，大城市普遍采用地下电缆输电方式。相对于架空线，电缆具有占地小、输电可靠、抗干扰能力强等优点。电缆有电力电缆、控制电缆、补偿电缆、屏蔽电缆、高温电缆、计算机电缆、信号电缆、船用电缆之分。

50. 输变电线路的电磁场是如何分布的？

输电线路周围的电磁场与线路高度、线路的排列方式和线路的距离等均有关系。除此之外，电场强度主要取决于线路电压，磁场强度主要取决于线路中电流大小。一般来说，在同等条件下电压等级越高对周围电场环境的影响越大，电流越大对周围磁场环境影响越大。

通过实地监测，500kV 及以上输电线路相对 500kV 以下输电线路产生的电磁场影响较大，但其数量少，距离城区更远。各电压等级输电线路附近居民区的电场强度都低于 4 000V/m 的环境控制水平；输电线路附近的磁感应强度均小于 0.1mT 的电磁环境控制水平。

51. 变电站周边的电磁场是如何分布的？

变电站周围电场强度和磁场强度随着距离的增加而减小。一般情况下，电压等级越高的变电站产生电磁环境影响越大，户外变电站的影响大于户内变电站。我国各电压等级变电站附近的居民区电磁场均满足 4 000V/m 和 0.1mT 的环境控制水平。

35kV 以下的线路和变电站属于配电设施，这类设施周围的电磁场水平更是低于国家标准规定的控制水平，并且 100kV 以下的电力设施在环保方面是免于管理的。

52. 如何检测变电设备周边的电磁场？

为了对环境电磁辐射情况进行长期研究，获得基础数据以分析其变化规律，同时为了解决电磁环境而产生的纠纷和投诉，越来越多的公众要求实时了解周边环境的电磁环境状况或电磁辐射水平，因此，对我国的电磁环境进行智能监测是非常有必要的。

智能监测分为固定点监测和可移动监测。固定点电磁辐射监测数据可以丰富国家基础数据库、为公众安全保障与城市功能区域的划分提供数据支持，为公众投诉提供及时可靠的数据支持。可移动监测则可根据需求确定监测位置，包括公众敏感点的监测、敏感人群生活区域监测、辐射源界点的监测、厂界监测、一般环境电磁辐射本底调查监测。

53. 与高压输变电相关的国际标准限值如何确定？

国家/组织	公众暴露限值	
	工频电场	工频磁场
中国	4000V/m	100μT
ICNIRP（1998）	5000V/m	100μT
欧盟	5000V/m	100μT
澳大利亚	5000V/m	100μT

国际非电离辐射防护委员会（ICNIRP）以科学资料对健康风险的评估为基础，确定了电磁场暴露阈值（即临界值，指的是触发某种行为或者反应产生所需要的的最低值）。阈值确定的判据是低于该水平的电磁场暴露，没有发现健康危害。

考虑到确定该阈值时可能会存在一些不够精确的因素（该阈值可能偏大或偏小），确定暴露限值时又考虑了一个安全裕量。在高压输变电所处的几赫至1kHz频率范围，ICNIRP导则取电磁场暴露阈值的1/10作为职业照射限值，1/50作为公众照射限值。也就是说，在此频段，ICNIRP推荐的标准中，职业照射有10倍的安全裕量，公众照射有50倍的安全裕量。

国际非电离辐射防护委员会（ICNIRP）关于电磁场暴露限值的推荐标准，是在科学数据基础上制定的，推荐给各个国家参考。ICNIRP于2010年出版的《限制时变电场、磁场暴露的导则（1Hz～100kHz）》（2010）公众健康的工频电场强度暴露限值为5 000V/m，工频磁感应强度暴露限值为0.2mT，较1998年出版《限制时变电场、磁场和电磁场暴露（300GHz以下）导则》，工频磁场强度限值放宽了一倍。

54. 我国标准限值是多少？

在输变电工程电磁环境管理中，目前执行《电磁环境控制限值》（GB 8702—2014）中的国家标准，在工频50Hz其电场强度、磁感应强度值分别以4 000V/m、0.1mT作为公众暴露控制限值（架空输电线路下的耕地、园林、牧草地、蓄禽饲养场、养殖水面、道路等场所，其电场强度的控制限值为10kV/m。我国电磁环境标准的制定，不仅考虑到电磁场生物效应，同时还考虑一定程度上对电磁干扰的控制，采取国际上对未知因素可能产生不利影响而推荐的“谨慎的预防原则”，参考ICNIRP标准并留有裕量，制定了比ICNIRP暴露限值相对严格的标准。

也就是说，我国的电磁环境标准，比ICNIRP标准留有更大的安全裕量。我国在城镇区附近建设的输变电设施，执行了严格的电磁环境标准，其电磁场的电磁辐射水平不会对人体产生有害影响。

DIANCI FUSHE ANQUAN
ZHISHI WENDA

电磁辐射安全知识问答

第五部分
家用电器产生的电磁场

55. 哪些家电产品会产生电磁场？

各种家用电器在工作过程中，只要有电流通过，都会产生频率和大小各异的电场、磁场、电磁场。大部分家电如普通家庭中常见的电视机、空调器、电冰箱、电磁炉、洗衣机、组合音响、电脑、电热毯、电吹风以及各种灯具等，在使用过程中主要会产生低频电磁场；手机、微波炉、WiFi 等会产生高频电磁辐射。即使是同一类家电产品，由于设计、材质、生产厂家、型号等不同，产生的电磁场强度也可能相差较大。家用电器产生的电磁场在接近源头的地方最强，随距离增加迅速衰减。

56. 电视机和显示器的电磁辐射会影响我们的健康吗？[①]

视频显示终端是指使用阴极射线管作为信息和数据显示的仪器设备，也简称为CRT显示器，主要包括电脑显示器、电视接收机（使用显像管）和其他相关的仪器。目前生活工作中已基本不再使用。其产生的电磁场包括静电场及不同频率的交变电磁场。

目前，已广泛使用的液晶显示器产生的电磁场要比传统的CRT显示器小得多。现代计算机的液晶屏幕产生的静态场和交变电磁场水平是很低的，在距离显示屏正前方表面约5cm进行测量通常小于1V/m，不会对人体健康产生影响。

世界卫生组织和其他机构总结了多方面的研究资料，包括室内

---

① 本问题内容及数据来源为世界卫生组织实况报告。

空气质量、职业相关压力和人体功效学因素，以及在使用显示器时的姿势和座位。这些研究表明产生健康危害的决定性因素不是显示器的电磁场，而可能是使用显示器的工作环境。

由于对显示器产生的电磁场健康危害的恐惧，导致了所谓可防止这些电磁场和射线负面效应产品的增加。包括在显示器前使用的特殊围巾，屏幕遮蔽物或“射线吸收”仪器。这些产品其实并没有实用价值，因为电磁场和射线远低于国家和国际标准允许暴露的范围。除了减少凝视（导致眼部疲劳）屏幕，世界卫生组织不推荐任何保护设备。国际劳工组织也不推荐使用保护设备减少电磁场辐射。

57. 无线局域网电磁辐射有多强？

无线局域网（WLAN），即以无线方式构成的局域网，工作于2.4GHz或5.8GHz频段，峰值功率200mW，平均功率随流量变化，但较峰值功率要小得多，属于高频段小功率发射体。无线局域网络，在家庭、办公室及许多公共场所（机场、学校、居民区和城市地区）越来越常见。在使用无线局域网天线附近

的家中或办公室中，功率密度监测值低于此频段0.4W/m^2（2.4GHz时）的国家标准限值。

世界卫生组织指出：由于无线网络与基站相比产生的射频信号一般较低，接触这些信号预计不会产生不良健康影响。考虑到基站和无线网络极低的接触水平和迄今收集的研究结果，没有令人信服的科学证据表明基站和无线网络微弱的射频信号会造成不良的健康影响。

58. 音响设备电磁辐射水平如何？

通常，音响设备主要由功率放大器和扬声器两部分构成，其工作原理是扬声器中的线圈通电时会产生磁场，在与磁铁的磁场相互作用下，线圈就会振动发出声音。因此，音响设备产生的电磁影响主要是50Hz的工频磁场，功率较高的大型音响其磁场强度可能达数十微特斯拉，是小于100μT的国家标准限值的，对一般的家用音响设备而言，远小于国家标准限值，不用担心。

59. 白炽灯、荧光灯、节能灯的电磁辐射水平如何？

照明设备的电磁辐射暴露主要是按照《照明设备对人体电磁辐射的评价》（IEC 62493 : 2009）国际标准，2014年10月10日，我国发布了与国际标准等同的《照明设备对人体电磁辐射的评价》（GB/T 31275—2014），于2015年4月1日起实施。所有照明设备电磁辐射都适用于本标准。

白炽灯又叫作电灯泡，它的工作原理是电流通过灯丝（钨丝，熔点达3 000多℃）时产生热量，白炽灯本身并不使用特别的电磁波频率，因此电磁辐射测值比较低，按照《照明设备对人体电磁辐射的评价》检测，通常低于标准限值的 10%。

荧光灯又叫作日光灯，它的工作原理：日光灯管简单地说是个密闭的气体放电管。管内主要气体为氩气（另包含氖或氪），气压约为大气的 0.3%。另外包含几滴水银——形成微量的汞蒸气。水银原子约占所有气体原子的千分之一的比例，日光灯管是靠着灯管的汞原子，由气体放电的过程释放出紫外光（主要波长为 2 537 埃（Å）$=2\,537\times10^{-10}$m）。所消耗的电能约 60% 可以转换为紫外光。其他的能量则转换为热能。按照《照明设备对人体电磁辐射的评价》检测，通常为标准限值的 15% ～ 67%。

节能灯的工作电流频率为 20 ～ 100kHz，而且是多频率源，要判断其周围电场是否符合 ICNIRP 或 IEEE 国际暴露标准的基本限值必须进行多频率的时域叠加，通常只能使用具有频率叠加功能的智能专业仪器进行检测。

有关机构曾经从上海大型商场、超市以及大型专业灯具市场购得基本覆盖上海企业及部分外地企业生产的国内、国际知名品牌产品共87个样品，按照《与人体电磁场暴露有关的照明设备评价》（IEC 62493：2009）国际标准进行了测试与评价。结果显示，87个样品的电磁辐射水平都在控制范围内，测量结果为标准限值的15%～67%，全部符合国际暴露标准。

60. 移动电话电磁辐射有危害吗？①

移动电话和基站的暴露状况很不相同。移动电话对用户的射频辐射远远高于基站对其附近居民的辐射。然而，除了断续发送信号与

① 本问题内容及数据来源为世界卫生组织实况报告。

附近的基站保持联系外，手机只有在通话时才发射射频能量，而基站需要持续发送信号。

移动电话是低功率射频发射器，最大发射功率在 0.2 ～ 0.6W。射频场强度（即用户射频暴露水平）随着与手机的距离增加而快速下降。因此，将移动电话放置在远离头部数十厘米处（使用免提产品），其射频暴露对用户产生的影响远远低于将手机直接放在头边所产生的影响。手机射频暴露对使用者周围人群是影响很小的。

除利用“免提”装置使移动电话与头部保持一定距离以外，控制通话次数和时间，也会减少射频照射。在手机信号好的地点使用电话，也能减少射频暴露。因为信号好，移动电话内置天线的发射功率就会降低。

由于射频信号可能干扰某些电子医疗装置和导航系统，某些场合会禁止使用移动电话，如在飞机上。

20 年来，国际上进行了大量研究以评估移动电话是否有潜在的健康风险。迄今为止，尚未证实移动电话的使用会对公众健康造成任何不良后果。

61. 世界卫生组织关于移动电话电磁辐射开展哪些研究？①

作为一种便捷、高效的通信方式，移动电话已被人们普遍接受并广泛使用。即使这种通信方式对健康产生的副作用略有增加，也能造成重大的公共环境卫生影响。这是世界卫生组织十分重视的一个问题。

① 本问题内容及数据来源为世界卫生组织在线问答。

由于移动电话产生的射频（RF）电磁场的暴露通常比通信基站高出1 000倍以上，以及有关不良影响更有可能来自移动电话的听筒，因此，相关研究几乎集中于移动电话可能造成的影响，包括：癌症、其他健康影响、电磁干扰、交通事故。

（1）癌症。在移动电话射频暴露与头部癌症（神经胶质瘤和听神经瘤）的相关性问题上，根据已获得的各类流行病学证据，射频场已经被国际癌症研究机构归为人类可疑的致癌物（2B组）。但迄今为止所开展的研究并没有表明，对诸如来自基站等射频电磁场的环境接触会增加罹患癌症或任何其他疾病的危险。

（2）其他健康影响。科学家报告了使用移动电话的其他健康影响，包括脑活动、反应时间和睡眠模式的改变。但这些影响甚微，不具明显的健康意义。科学家们正在进行更深入的研究，试图确认这些研究结果。

（3）电磁干扰。在一些医疗器械（包括起搏器、植入型自动除颤器和某些助听器）附近使用移动电话时，有可能对其正常运转造成干扰。在移动电话信号与飞行器电子系统之间也可能存在着干扰。一些国家已经利用了可以控制电话输出功率的系统，并允许在飞机飞行期间使用移动电话。

（4）交通事故。据研究，由于驾驶汽车时使用移动电话（无论是手持或“免持”移动电话）可能会分散注意力，发生交通事故的风险可能增加 3 ～ 4 倍。

到目前为止，尚无使用移动电话会增加人类罹患大脑肿瘤风险的直接证据。但人们正在越来越多地使用移动电话，有必要进一步开展移动电话的使用与大脑肿瘤风险的研究。特别是，近年来年轻人对移动电话的依赖性日趋增加，因而潜在接触时间会更长，世界卫生组织鼓励进一步对这一人群开展研究。

62. 平板电脑的电磁辐射大吗？

平板电脑以触摸屏作为基本的输入方式，是一种小型、方便携带的个人电脑，目前较为流行。由于使用中距离人体很近，其产生的电磁场也广受人们关注。平板电脑属于低功率电子设备，其本身的电磁辐射影响基本可忽略不计。通过对部分平板电脑的测试发现，将测试仪器紧贴在平板电脑的表面进行检测，所测的平均值在 0.8 ～ 1.2V/m，而且此测值的主要电磁场源为平板电脑上网信号，如果关闭上网功能，则测值进一步降低。由此可见，无论以任何标准进行评估，平板电脑的电磁辐射值都是非常小的。

63. 微波炉的微波是什么意思？

微波是频率为 300MHz ～ 300GHz 的电磁波。它的波长很短，沿直线传播。微波在遇到金属材料时能反射回来，遇到玻璃、塑料、陶瓷等绝缘材料可以穿透过去，在遇到含有水分的蛋白质、脂肪等介质时可被吸收，并将微波的电磁能变为热能。

微波的频段虽然很宽，但是真正用于微波加热的频段却很窄，主要原因是避免对微波通信造成干扰。国际上，微波炉有 915MHz 和 2 450MHz 两个频率，2 450MHz 用于家庭烹调炊具，915MHz 用于干燥、消毒等工业、医疗领域等。

64. 微波炉的辐射影响大吗？

家用微波炉利用一种电子真空管——磁控管，产生 2 450MHz 的电磁波，通过微波传导元件——波导管，发射到炉内各处，被食物吸收，引起食物内的极性分子（如水、脂肪、蛋白质、糖等）高速振动。并由振动使食物内部产生热量，将食物烹熟。

微波炉在工作过程中，由电控系统将 220V 交流电通过高压变压器和高压整流器，转换成 4 000V 左右的直流电，送到微波发生器产生微波，微波能量通过波导管传入炉内腔。由于炉内腔是金属制成的，微波不能穿过．只能在炉腔里反射，并反复穿透食物，加热食物，从而完成加热过程。

微波炉自身的屏蔽能有效降低电磁辐射的泄漏。国家制定了微波炉产品标准，《家用和类似用途电器的安全　微波炉，包括组合型微波炉的特殊要求》（GB 4706.21—2008）（IEC60335-2-25：2006）规定微波炉不应产生过量的微波泄漏，其表面 5cm 处最大泄漏水平不应超过 $50W/m^2$，符合标准的微波炉不会对使用者产生危害。

65. 电磁炉与微波炉的工作原理一样吗？

电磁炉是采用磁场感应电流（又称涡流）的加热原理，所以对需要加热的器皿材质有一定的要求。具体过程：首先由整流电路将 50 Hz /60Hz 的交流电变成直流电，再经过控制电路将直流电转换成频率为 20～60kHz 的交流电，通过螺旋状的磁感应圈，形成交变磁场，当磁场内的磁力线通过铁磁材料器皿底部时，会在其底部内产生交变的电流（即涡流），涡流使锅具铁分子高速无规则运动，分子互相碰撞、摩擦而产生热能使器皿本身自行高速发热（将电能转换为热能），用来加热和烹饪食物，从而达到煮食目的。

电磁炉与微波炉在工作原理上有着本质的区别。电磁炉是利用电磁感应现象产生随时间变化的磁场并作用于炒菜的铁锅，在铁锅底部内产生感应涡流从而产生热量以加热食物，其对食物的加热过程与一般明火炒菜过程是一致的（都是对器皿底部进行加热，只是加热方式不同）。而微波炉则是利用所产生的微波直接作用于食物，在食物内部产生热量加热食物。通常电磁炉的工作频率是 20 ～ 60kHz，家用微波炉则是 2 450MHz。

我国轻工行业标准《电磁灶》（QB/T 1236—2008）规定了关于电磁辐射的要求（对照 IEC62233 国际标准，所有测量点的计权值不应超过 30%），在正常使用条件下，按照生产厂商提供的说明书使用，使用者的健康是有保障的。

66. 电吹风工作时会产生电磁场吗？

电吹风是由一组电热丝和一个电机小风扇组合而成的。通电时，电热丝会产生热量，风扇吹出的风经过电热丝，就变成热风。电吹风在工作过程中主要是由电机产生低频电磁场，在实际使用中，人体通常离电机距离为 20cm 左右，此距离通常测值较小，根据对 1 000W 电吹风在 10cm 距离的测量，电场强度为 10 ～ 30V/m，磁感应强度为 1 ～ 5μT，远小于电场强度 4 000V/m 和磁感应强度 100μT 的国家标准限值，并且通常在实际使用的过程中，时间不会超过半小时，其电磁场具有足够安全的保障，完全没有必要担心。

67. 电热垫（毯）会产生电磁辐射吗？

电热垫（毯）的原理是将特制的绝缘性能达到标准的软索式电热元件呈盘蛇状织入或缝入毛毯里，通电时即发出热量，根据 EN50366 标准，对电热毯的电磁辐射检测主要是低频磁场，检测时将检测仪器探头直接放置于毯子中央进行检测，由于电热毯采用了来回盘状的方式布线，产生的磁场方向相反，大部分磁场会相互抵消，根据对部分市场产品的抽样检测，其磁场相对较小，一般低于 0.2μT，满足 100μT 的标准限值，没有必要担心其电磁辐射的影响，主要应当关注产品的安全性能。

68. 待机状态的家电有电磁辐射吗？

家用电器待机时处于通电状态，也会产生电磁场。尽管我们不必担心家用电器待机时产生的电磁场，但家用电器待机状态时仍然消耗电能，从节能环保的角度讲，建议在不使用时，应及时关闭电源，节约能源。

69. 我们需要对家电的电磁场采取安全防护措施吗？

正规生产厂商生产的家用电器产品要经过质量检验部门的检验，其运行产生的电磁场会保持在一个安全水平内。因此，在按照生产厂商说明书正确使用的前提下，无需采取额外的防护措施。本着“可合理达到尽量低”的原则，在使用移动电话、电热毯、电磁炉、吹风机、微波炉等家电时，可注意减少使用时间、增加使用距离。

DIANCI FUSHE ANQUAN
ZHISHI WENDA

电磁辐射安全知识问答

第六部分
电磁场与人体健康

70. ICNIRP 导则的制定基础是什么？

自 1996 年“国际电磁场计划”（The EMF Project）启动以来，经过多年对全球范围内电磁场健康影响文献的全面分析研究，ICNIRP 先后制定了两个导则：

（1）ICNIRP1998 导则：《限制时变电场、磁场和电磁场暴露的导则（300 GHz 以下）》；

（2）ICNIRP2010 导则：《限制时变电场、磁场的导则（1Hz ～ 100kHz 以下）》。

以科学为基础对电磁场暴露潜在危害进行评价，是风险评估的基础，也是制定适当公共政策的关键部分。ICNIRP 导则中的建议依据了对已发表的科学文献的严格的科学复核，包括医学、流行病学、生物和剂量学领域的文献。为预防已确定的有害健康的影响，已对暴露水平做出了以科学为基础的判断。其中对安全裕量的取值大小（根据科学数据的不确定性和某些群体在敏感性方面的可能差异）以及在电磁场与人体作用效能的保守假设方面都采取了谨慎做法。

71. 电磁环境污染有哪些特点？

（1）对于无线电发射系统，有用信号与污染共生。电磁辐射是有用信号，但对公众健康又具有污染的特性。在一定程度上，电磁波的有用性和污染性是共生的，其污染不能单独治理。

（2）产生污染是可预见的。电磁辐射设施对环境的辐射能量密度可根据其设备性能和辐射方式进行估算，具有可预见性。在设计阶段，对于不同方案，可以初步估算出对环境污染的不同结果，由此可以进行方案的比较取舍。

（3）产生的污染具有可控性。电磁辐射设施向环境发射的电磁能量，可以通过改变发射功率、改变增益等技术手段来控制。一旦断电，其污染立即消除，在环境中不会残留。

72. 电磁场对人体健康有害吗?

电磁场对健康有害吗？这是大家普遍关心和困扰的问题。自 18 世纪中后期起，应用于生活中电磁场潜在的健康影响就开始受到了科学界的关注。20 世纪初期，由于电灯和电话的广泛推广与应用，大家曾普遍担心家庭中的电线及电话线会带来电磁场健康影响，但这一情况并没有出现。理解并适应新的技术，做一个科学理性的现代公民，这是我们大家面临的一个重要的与科学素质教育相关的选择，也是科学界和政府部门需要不断提升科学普及的意义之所在。

电磁场对健康有害吗？这一问题的回答，不能够直接告诉您“有害”或者“无害”。简单的回答可以说“是否有害要看您的环境监测值是多少，达到了规定的限值标准，就可以认为是无害的”。具体来说，回答是否有害需要全面解答以下几个问题后，才能得出结论：（1）我们对于是否有害的判断遵循的标准是什么；（2）对于环境进行监测的手段和方法是否正确；（3）监测结果是否超出标准限值；（4）根据监测结果给出科学的判断。

73. 什么是电磁场的生物效应？

生物效应是组织或细胞对刺激或环境改变所产生的可以测量的反应。这些改变对健康不一定有害，就像饮用咖啡或者在闷热的房间里睡觉会使心律加快一样。对环境变化产生反应是正常生活的一部分，人体具有复杂的机制对自身进行调节，以适应周围环境的变化。但是，人体可能并不具有足够的补偿机制来缓解所有的环境改变。长时间的环境暴露（即使是微量的）如果导致紧张，那么将会给健康带来危害。对人来说，有害的健康影响是会对健康产生可检测的损害或损害受暴露人体良好状态的生物效应。

电磁场的生物效应是生物体对电磁场的生理反应。这些效应可能是在正常生理范围内的细微反应，有的可能会导致病理状态，当然有的也可能对人体有益。

健康危害是指这样的生物效应，即它在人体补偿机制之外会有健康后果，并对健康或良好的身体状态造成损害。由电磁场暴露引起的烦恼或不适本身可能不是病理性的，但是假如发生，可能对人身体和心理良好状态造成影响，从而这种影响可能会被考虑为是“健康危害”。

毫无疑问，超过一定强度的电磁场可以导致生物效应。对志愿者的科学实验显示，短期暴露在环境中或者家中正常强度下的电磁场不会造成任何明显的有害健康效应。高水平电磁场中的暴露是可能造成伤害的，但这种暴露是受国家和国际安全标准严格限制的。目前，对于电磁场健康影响的争议，主要集中在长期的低水平暴露是否会产生有害的健康影响或影响人的良好生存状态。

74. 低频电场有哪些生物效应？

就像电场会影响导电物质表面电荷分布一样，低频电场会影响人体表面的电荷分布，并且使电流在人体内流动。电场会使电流从身体流向大地。低频磁场也会在人体内感应出循环电流，感应电流的强度取决于外部磁场的强度和电流通过回路的大小。当电流足够大时，可对神经和肌肉产生刺激。

尽管电场和磁场都能够在人体中感应出电压和电流，但是即使直接站在高压线下方，身体中感应出的电流较可以产生电击或其他电效应的限值要小得多。

2001 年，世界卫生组织国际肿瘤研究机构（IARC）的一个专业科研工作小组复核了关于静态和极低频电场、磁场致癌性的相关研究。该工作小组使用IARC标准的权衡人类、动物和实验室证据的分类法，根据儿童白血病的流行病学研究，将极低频磁场归类为对人类可能的致癌物。

“对人类可能致癌”是一个用来表示在人类致癌性方面存在有限论据而在实验动物方面的致癌性证据不足的分类。在同一个类别中的另一个人们熟知的物品是咖啡，它可能会增加肾癌的风险，但同时又可能防止肠癌。

对于其他各类儿童和成人癌症，由于证据不足或科学信息不一致，而被评定为不足以分类。尽管极低频磁场被IARC归类为对人类可能的致癌物，但是对于极低频磁场暴露和儿童白血病之间所观察到的关联仍存在有其他解释的可能。

75. 高频电磁场有哪些生物效应?

高频电磁场进入人体的程度很浅，渗入的能量会被人体吸收并转化成人体分子运动的能量。快速运动分子之间产生的摩擦将导致生物体温升高，这就是高频电磁场的加热效应。微波炉利用的就是高频电磁场的加热效应。这一效应工业生产上也有应用，例如塑料焊接和金属加热。通常，生活环境中的高频电磁场要比利用它来加热（产生显著热量）的暴露水平低得多。

关于射频场，权衡至今为止的证据，提示了低水平射频场（如移动电话及其基站的发射）并不会产生有害健康影响。一些科学家报告了使用移动电话的较小影响，包括对脑活动、反应时间、睡眠模式的改变。就这些已经被确定的影响来说，它们看起来都是在人体变化的正常限度内。

现在的技术日新月异，无法避免可能的长期效应。移动通信的手机和基站表现出非常不同的暴露情况。移动电话用户的射频电磁场暴露水平远高于那些住在靠近基站的人。除为了与附近基站保持联系而使用的不经常信号外，手机只有在进行通话时才传输射频能量。但是，尽管公众（甚至是那些住在附近的人）暴露在基站的射频电磁场水平非常低，基站却在连续不断地传送信号。考虑到技术的广泛使用、科学不确定性的程度和公众的理解水平，严谨的科学研究和清晰地与公众沟通是必要的。

76. 电磁场标准有哪些类型？

以健康为基础的电磁场标准的最终目标是保护全人类的健康。电磁场标准可针对某装置的排放限值，也可以是针对人体的暴露限值。有关电磁场的标准可以分为三类：

（1）暴露标准是保护人体的基本标准，它通常是全身或部分人体暴露于任何数量的产生电磁场的装置时的最大允许水平。这类标准通常已含有安全系数并提供了限制人体暴露的基本指南，如前面提及的国际非电离辐射防护委员会（ICNIRP）导则。

（2）排放标准是为电气装置做的规定，通常是基于工程方面的考虑，例如使其与其他电气设备间的电磁干扰最小化或优化装置本身的效率。电气与电子工程师协会（IEEE）、国际电工委员会（IEC）等标准化机构都制定了一系列排放标准。例如，《人体暴露在家用或类似用途电子电器电磁场限值标准》（EN62233）。

（3）测量标准是描述检验是否符合暴露与排放标准方法标准，提供了如何测量装置或产品的电磁场暴露的方法。

我们通常所说的电磁场标准主要指的是人体暴露标准，电磁场暴露标准总体上还可以根据职业划分为两大类，一是针对作业人员的职业暴露标准，另一类是针对普通公众的暴露标准。公众暴露标准限值在职业暴露标准限值的基础上增加了5倍的安全系数，更进一步地提升了健康安全保障。

77. 哪些国家和机构参与制定了电磁场暴露标准限值?

电磁场可能存在的健康风险问题是一个严肃、科学的问题，我们的判断应当遵循严谨的科学过程，因此，电磁场暴露标准限值是我们判断的基本依据。

世界卫生组织（WHO）于 1996 年 5 月设立了“国际电磁场计划”（The EMF Project）。这一国际性项目，该项目集中了全球主要的国际机构、国家机构与研究院所的可利用资源，历时 10 余年，在全球范围内对人类所取得的电磁场生物效应研究成果展开了全面系统的评估，并与国际非电离辐射防护委员会（ICNIRP）合作，制定出相应的电磁场暴露限值标准。

WHO“国际电磁场计划”的组织框架包括“国际电磁场计划”

秘书处协调下的 3 个委员会：国际顾问委员会、研究协调委员会及标准协调委员会。其中，国际组织 8 个，合作机构 8 个，国家机构 54 个。支持并参与此计划的国际组织包括：欧洲委员会（EC）、国际肿瘤研究机构（IARC）、国际非电离辐射防护委员会（ICNIRP）、国际电工委员会（IEC）、国际劳工组织（ILO）、国际电信联盟（ITU）、北大西洋公约组织（NATO）、联合国环境规划署（UNEP）等。英国国家辐射防护局（NRPB）、美国国家环境卫生科学研究所（NIEHS）、美国职业安全卫生研究所（NIOSH）、日本国家环境研究所等独立的 WHO 科研合作机构承担了项目研究工作。40 多个国家的政府管理机构为此计划做出了贡献。

78. 公众暴露考虑的安全系数是多少？

安全系数的采用对达到标准限值时的电磁场暴露提供了足够安全的保障

在制定电磁场暴露标准时，WHO 及 ICNIRP 在对重要科学文献进行全面的评估基础上，得出不同频率电磁场暴露的生理阈值，在此基础上对潜在的研究考虑不足的其他因素进行了充分的考虑，并给出相应的安全系数以降低风险。例如，在绝大多数频率范围内，职业暴露安全系数为 10，公众暴露安全系数为 50。安全系数的采用为满足标准限值时的电磁场暴露提供了足够安全的保障。

79. 电磁场暴露的国际标准是什么？

世界卫生组织鼓励建立能向全人类提供相同或相似健康保护水平的暴露限值及其控制措施。它批准了国际非电离辐射防护委员会（ICNIRP）导则，并鼓励成员国采纳这些国际性导则。这个非政府组织也被世界卫生组织所认可，对全世界这一领域的科学研究成果进行评估。该组织也会定期对其制订导则进行评估，必要时予以更新。

在 ICNIRP1998 年导则中，适用于一般公众的限值见下表：

频率范围	电场强度 E/（V/m）	磁场强度 H/（A/m）	磁通密度 B/μT	等效平面波功率密度 Seq/（W/m^2）
< 1 Hz	–	3.2×10^4	4×10^4	–
1 ～ 8 Hz	10 000	$3.2\times10^4/f^2$	$4\times10^4/f^2$	–
8 ～ 25 Hz	10 000	$4\,000/f$	$5\,000/f$	–
0.025 ～ 0.8 kHz	$250/f$	$4/f$	$5/f$	–
0.8 ～ 3 kHz	$250/f$	5	6.25	–
3 ～ 150kHz	87	5	6.25	–
0.15 ～ 1 MHz	87	$0.73/f$	$0.92/f$	–
1 ～ 10 MHz	$87/f^{1/2}$	$0.73/f$	$0.92/f$	–
10 ～ 400 MHz	28	0.073	0.092	2
400 ～ 2 000 MHz	$1.375f^{1/2}$	$0.003\,7f^{1/2}$	$0.004\,6f^{1/2}$	$f/200$
2 ～ 300 GHz	61	0.16	0.20	10

80. 我国现行电磁辐射公众暴露控制水平是多少？

中华人民共和国国家标准《电磁环境控制限值》（GB 8702—2014）规定了各频率（1Hz ～ 300GHz）公众暴露控制水平，见下表。

公众暴露控制限值

频率范围	电场强度 E/（V/m）	磁场强度 H/（A/m）	磁通密度 B/μT	等效平面波功率密度 Seq/（W/m^2）
1 ～ 8 Hz	8 000	$32\,000/f^2$	$40\,000/f^2$	–
8 ～ 25 Hz	8 000	$4\,000/f$	$5\,000/f$	–
0.025 ～ 1.2 kHz	$200/f$	$4/f$	$5/f$	–
1.2 ～ 2.9 kHz	$200/f$	3.3	4.1	–
2.9 ～ 57 kHz	70	$10/f$	$12/f$	–
57 ～ 100kHz	$4\,000/f$	$10/f$	$12/f$	–
0.1 ～ 3 MHz	40	0.1	0.12	4
3 ～ 30 MHz	$67/f^{1/2}$	$0.17/f^{1/2}$	$0.21/f^{1/2}$	$12/f$
30 ～ 3 000 MHz	12	0.032	0.04	0.4
3 000 ～ 15 000 MHz	$0.22f^{1/2}$	$0.000\,59f^{1/2}$	$0.000\,74f^{1/2}$	$f/7\,500$
15 ～ 300 GHz	27	0.037	0.092	2

不同频率公众暴露控制水平不同。对于移动通信基站，电磁辐射公众暴露控制水平为 $0.4W/m^2$。

对于高压输变电工程，电场强度和磁感应强度的公众暴露控制水平分别为 4kV/m 和 0.1mT，架空输电线路下的耕地、园林、牧草地、蓄禽饲养场、养殖水面、道路等场所，其频率 50Hz 的电场强度的控制限值为 10kV/m。

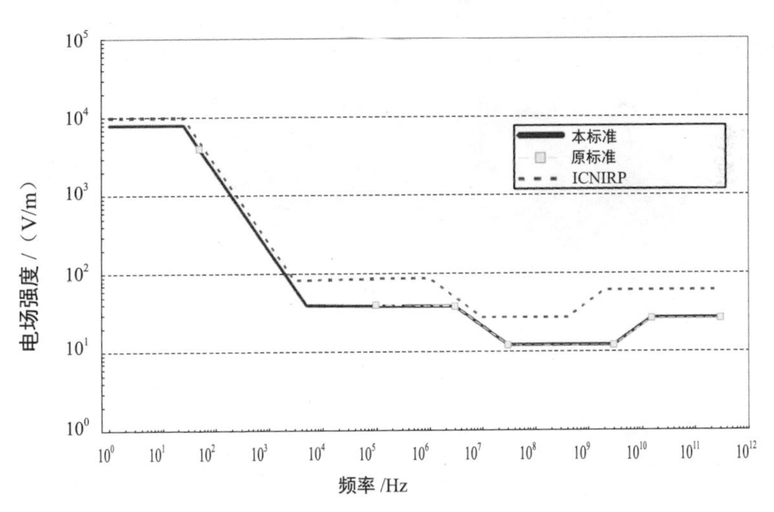

国家标准与 ICNIRP1998 导则电场强度限值比较

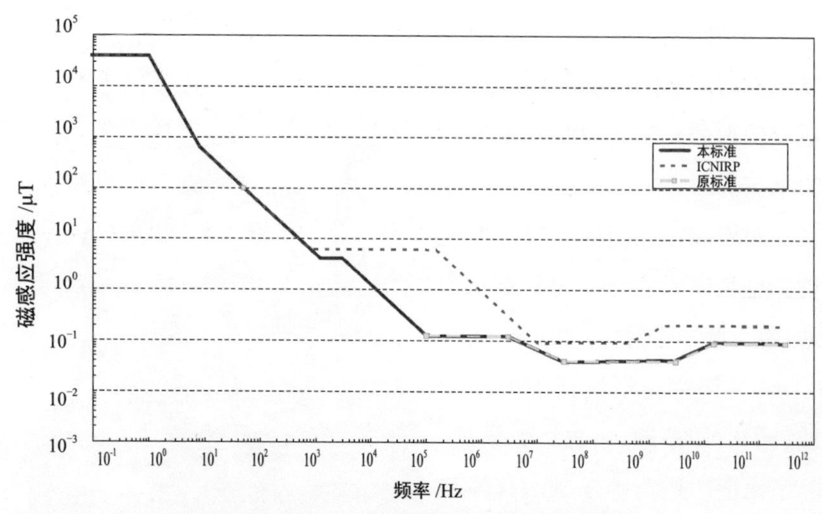

国家标准与 ICNIRP1998 导则磁感应强度限值比较

81. 达标情况下的电磁场暴露有害吗？

在很多情况下，因为缺乏对电磁场暴露知识的了解，即使在远低于标准限值的情况下，我们仍然会对电磁场暴露的健康问题表现出过分的担忧。另一方面，新科学技术的不断发展，也在某种程度上加重了我们对电磁场的风险感受，这是一个在全球范围内广泛而普遍存在的问题。归根结底，我们对风险感受的放大主要与知识的缺乏相关，做一个科学理性的现代公民，保持积极学习的心态将有助于我们更好地理解我们身处的世界。

82. 超标的电磁场暴露风险有多大？

由于在标准制定时采用了安全系数，在达到公众标准限值水平的电磁场环境中，公众的安全风险仍然有低于生理阈值 50 倍的安全

系数作为保障，其风险仍然是可控并相对有限的，即使在暴露值达到生理阈值的情况下，也主要是增大了暴露时的健康风险，并不一定形成真正的健康危害。

这里举一个食品保质期的例子。在保质期之前食用一罐草莓酱是完全安全的，但如果你在超过保质期之后食用，生产商无法保证食品质量还是好的。然而，实际上就算是保质期之后的几个星期甚至几个月，食用这些草莓酱往往还是安全的。类似的，电磁场安全导则保证在给定的暴露限值下，没有已知的有害健康效应会产生。但这可以导致已知的健康影响的强度被除以一个很大的安全系数。所以，即使你遇到的电磁场强度比给出的限值高几倍，你的暴露仍然可能处于相对安全范围内。

但无论如何，当电磁场暴露超出标准限值时，应当引起我们足够的重视，要做出及时的调整以对健康安全做出保护。对于暴露在超出生理阈值的电磁场环境时，将会有极大的风险，这样的情况通常是不允许的。因此，对于电磁场暴露健康安全评估的重要前提和基础是对监测数据的判断。

83. 超过暴露限值就一定有害吗？

不是。有一点非常重要，标准规定的暴露限值并不是安全和危险之间的一个准确界限。实际上，并不存在某一个电磁场水平，只要暴露水平超过它就会对健康造成危险。取而代之的是，对人体健康可能的风险随着暴露水平的增大逐渐增加。国际导则指出，根据现有的科学知识，当暴露水平低于某一个给定的值时，在电磁场中的暴露是安全的；但并不可以简单地说，超过这个限值暴露一定是有害的。

84. WHO 电磁场健康影响的重要研究结果是什么？

根据世界卫生组织（WHO）网站的介绍，在过去的30年中，有关电磁辐射生物效应和医学应用的论文已经发表了大约25 000篇。尽管部分人士认为需要做更多的研究，但是目前有关这一领域的科学知识已较大多数化学物质要广泛得多。根据对有关科学文献的深入回顾，世界卫生组织（WHO）得出的结论是，目前的证据不足以确认低水平电磁场的暴露会造成任何健康后果。但是，对于生物效应仍然存在知识上的分歧，需要进一步研究。

85. 电磁场是否是致癌症物质？

根据国际癌症研究机构（IARC）对电磁场健康影响的研究，将极低频磁场和移动电话产生的电磁场归入可能的致癌物（2B类），并且经过多年的反复研究证明，也没有更进一步改变这一归类，从下表中可以看出，同为可能的致癌物（2B类）的物质还包括咖啡、泡菜、汽车尾气等。

IARC致癌性分类及物剂举例

国际癌症研究机构分类	致癌物例子
人类致癌物（107）1类（通常基于人类致癌性的有力证据）	石榴、酒精饮料、苯、氡气、太阳暴露度、烟草（吸烟和不吸烟）、X射线和γ射线
很可能的人类致癌物（58）2A类（通常基于动物致癌性的有力证据）	生物质燃料烟气、柴油机排气、甲醛、多氯联苯（PCBs）
可能的人类致癌物（248）2B类（通常基于人类致癌性可靠证据，不能排除其他解释）	咖啡、极低频磁场、汽油机排气、玻璃棉、泡菜、移动电话
不可分类（512）3类（可疑致癌物）	乙烯基甲苯、茶、染发产品（个人使用）、静磁场、静电场
很可能对人类不致癌（1）4类	己内酰胺

在对极低频磁场的归类方面，2002 年，IARC 发表了一本专论，将极低频磁场分类为“可能对人类致癌”。被列为这类的物质，其在人类致癌性方面存在有限的证据和在实验动物致癌性方面存在不足的证据（这类物质还包括咖啡和焊接烟雾）。该分类是根据对流行病学研究的集合分析（pooled analyses）而做出的，这些研究在住所中工频磁场平均暴露超过 0.3 ～ 0.4μT 与儿童期白血病患病率两倍增长之间，显示了一致的关联。结论是，从那之后的其他研究，都未能改变这种分类的状况，对暴露于 50/60Hz 工频磁场的儿童白血病研究工作，其关联度为 1.5 ～ 2（关联度越接近 1，关联性越强），容易存在偏倚和混淆的影响，仍然需要进一步的证据来做出有效的结论。另外，也没有可接受的生物物理机理来说明低水平暴露和引发癌症有关。因此，如果说低水平场暴露会产生什么影响，就必须先通过我们至今还不知道的一个生物机理来解释。此外，动物研究结果大都是阴性的。因此，总体权衡，与儿童期白血病有关的证据不足以认定为存在因果关系。

在对移动电话电磁场的归类方面，IARC 通过对使用移动电话在 10 年以上，每天通话时间超过 30 分钟的人群进行了大量的研究，主要针对脑瘤的风险影响，将移动电话电磁场归入 2B 类，其关联度为 3.5（关联度越接近 1，关联性越强），总体关联度也是较弱的。

86. 恐慌“风险”，还是相信科学？

国际癌症研究机构（IARC）对物质的分类中可以看出，极低频磁场和移动电话电磁场的归类属于 2B 类，只有非常有限且存在易于混淆的因素的证据，而不能成为制定标准限值的依据，从归类表中也

可以看出，作为归入可能致癌物中的，有咖啡、泡菜、汽车尾气等3 000多种物质，这为选择传播的媒体的传播带来了极大的操作空间，在传播过程中，由于语言的选择不同而会带来极大的不同的影响，甚至造成公众的心理恐慌，如以下两种说法将带来完全不同的阅读效果：

（1）电磁场的致癌分类与汽车尾气一样。

（2）电磁场的致癌分类与咖啡和泡菜一样。

在第一种表述中，无疑将带来阅读者的心理不安乃至恐慌，而第二种表述将淡化阅读者的情绪，因此，正确理解IARC的分类法极为重要。我们想要告诉大家的是，科学是一种生活的分类法而不是生活的障碍，正确理解的基础仍然是标准限值和监测结果。

87. 为什么我们总是担心电磁辐射会危及我们的健康？

在缺乏科学理性认知的情况下，环境安全风险意识有可能会被过度放大。在面对电磁场暴露事件时，即使在所暴露的电磁环境中监测结果远远低于标准限值，有一部分人群也会表现出强烈的担忧，认为环境中不应当存在任何额外的电磁场，认为应当处于“零风险”的环境，并形成强烈的个体意愿和情绪，从而对自我的情绪管理出现了一定的偏差。在这种状态中，并非因为电磁场强暴露带来了健康的风险，而是这样的心理状态影响了正常的生活，因此，对电磁场暴露保持理性的认知，通过知识途径获得有效的信息，形成自己的理性判断显得尤其重要，关心环境健康，不仅仅是外在环境的关心，也应当关心自身心理环境，这样才是对健康真正的理解。

我们可以通过重要的国际或国内机构获取相关的科学知识和信息，通过相关的专业检测机构获取监测数据，并建立对相关环境的理性认知。这对自身身心健康是极其有益的。

88. 如何正确认识电磁辐射，建立科学理性的环境安全“风险意识”？

电磁场暴露安全已经过了长达 20 年以上的国际范围内的研究与评估。WHO 和 ICNIRP 制定了相应的具有足够安全保障的标准限值。现行国际标准是严谨的、值得信任的。我们可以依据现有的标准对所处的电磁场暴露环境进行有效的评估，也可以联系专业的监测机构进行监测，获取监测数据，比较监测数据与标准限值得到是否存在健康风险的结论。

在实际生活中，对环境安全的抱怨与投诉并不一定来自于单纯的暴露风险感受，其中可能有包括：信任的态度、交流中是否被尊重、是否有积极的参与意识、是否利益一致等诸多因素，但出于对自我健康保护的理解，我们推荐在环境暴露事件中，学会理性分析环境暴露中的风险，并形成科学理性的风险判断，这对我们自身的健康是有益的。

在面对电磁场暴露时，我们首先需要明确的一点是，这是暴露风险而不是暴露危害。风险仅是一种概率并非直接危害。其次，在面对电磁场暴露时，可从 WHO 或类似的权威机构获取正确的信息，建立自己的理性认知。

以下是 WHO（世界卫生组织）所推荐的风险认知与评估的过程。

WHO 关于电磁场风险沟通的建议——建立有关电磁场风险的对话

定义风险	风险评估的基础
在试图了解人对风险的感受时，非常重要的是区分健康危害和健康风险，危害是可能潜在损害人体健康的一个物体或一种环境。风险则是人受特定危害物损害的可能性或概率。	风险评估是一种用来描述和评估某种物剂的环境暴露是否可能具有有害健康后果的有组织的程序。该程序包括四个步骤：（1）危害识别，对潜在危害物剂或暴露境况的识别（例如特殊的物质或能量源）。（2）剂量反应评估，评价物剂或境况的剂量或暴露与某种影响的程度和（或）严重性之间的关系。（3）暴露评估：对实际境况中暴露或潜在暴露的程度做评估。（4）风险特征描述：以一种对决策者和利益相关者有用的形式，对潜在危害的境况信息作综合和概括。
危害和风险	
驾车是一个潜在的健康危害，高速驾车存在风险，速度越高，与驾车相关的风险越大。每一个活动都伴有风险，通过避免一些特定的活动可减少风险，但是一个人不可能完全消除风险，在现实世界中，没有什么事是零风险的。	
电磁场风险问题的多种决定性因素	
科学家通过对所有可利用的科学证据进行权衡和严格的评价，来评估健康风险，从而提出全面的风险评估（详见右侧框内文字）。公众可能通过一个完全不同的过程作出自己对风险的评估，但通常缺少足够的信息做基础。	

89. 如何了解自己的生活环境电磁辐射是否超标？

我们可以通过联系专业的监测机构进行监测，获取监测数据，比较监测数据与标准限值了解自己生活环境的电磁辐射水平。对于我们日常生活中经常利用的移动通信网络，我国每年都有大量的监测数据。根据对移动通信基站电磁环境监测结果的分析，我国移动通信基站周围环境电磁辐射水平很低，远低于国家标准规定的限值。如果你发现附近有新建的电磁发射天线，并且关心它的电磁环境影响，可以向建设方要求提供监测数据，通过监测数据与电磁场暴露限值的比较，我们可以对家庭周围环境的电磁环境水平做出理性的判断，不受各种流言信息的影响。

好的！
请留下
联系方
式！
喂，您好！我
家附近有电磁
发射设施，请提
供我一份辐射监
测数据

DIANCI FUSHE ANQUAN
ZHISHI WENDA

电磁辐射安全知识问答

第七部分
你可能关心的其他问题

90. 利用电磁能的交通工具是如何工作的？

常见的、利用电磁能的交通工具有无轨电车、地铁、磁悬浮列车、电气化铁路等，无轨电车通过集电杆接触600V直流架空电缆供电；地铁一般采用轨道旁边、站台下方的750V直流供电；中低速磁悬浮列车使用轨道下方的1.5kV直流电缆供电；电气化铁路使用轨道上方的27.5kV单相交流电供电。这些交通工具看上去千差万别，其原理都是将各种电能进行转换，最后利用电动机牵引列车行驶，对于磁悬浮列车，还要用直流线圈产生的磁力将列车悬起。

91. 交通系统的电磁环境影响大吗？

轨道交通系统的电磁影响主要来自两方面：一是轨道交通的供电系统（如电气化铁路上方的供电线路）；二是车体上将电能转化为动能的电动机等设备。轨道交通系统使用的都是电压等级较低的供电方式，而电动机等设备一般安装在车厢底部。轨道交通正式运行都是按照相关标准进行试运行，监测是达标的。

92. 高铁的电磁环境影响有多大？

高速铁路均为电气化牵引，从沿铁轨上方架设的 27.5kV 的接触网上获得电能，驱动列车前行。高速铁路修建的接触网、变电所会在周围环境中产生电磁场。因此，高速铁路设施主要是产生低频电磁场，而且其电压等级较高压线、变电站低，对周边环境的电磁辐射影响较小，不用担心。

93. 磁悬浮列车的电磁环境影响有多大？

磁悬浮技术主要是基于电磁转换和磁极同性相斥、异性相吸的原理来实现传统轮轨上的支撑、导向、牵引和制动功能，达到没有接触、不带燃料的地面飞行。

磁浮列车的磁场存在于车辆底部的悬浮电磁铁与线路的定子铁芯之间，由于定子铁芯本身并不带磁，对周围环境不产生电磁辐射；只有当列车悬浮通过线路时构成磁力线。由于两者之间的间隙仅有约 10mm，通过间隙泄漏的磁力线极少。通过对北车集团试验场的磁悬浮列车进行全面的电磁辐射检测，发现其静态磁场的结果为 30 ～ 60 μT，基本与天然地磁场相当，根据国际非电离协会的推荐标准，静态磁场的限值为 10 000 μT，其极低频电场强度主要频率约为 12Hz，强度通常小于标准限值的 35%。

94. 利用电磁能的工业、科研设备电磁影响大吗？

工科医设施是指用于工业、医疗、科学研究的电磁设备。例如高频冶炼炉、塑料热合机、理疗仪、核磁共振设备等。这些设备是专业设备，会产生一定强度的电磁场，有的设备产生的电磁场强度较大，因此在使用的时候要注意保护，无关人员不能靠近。

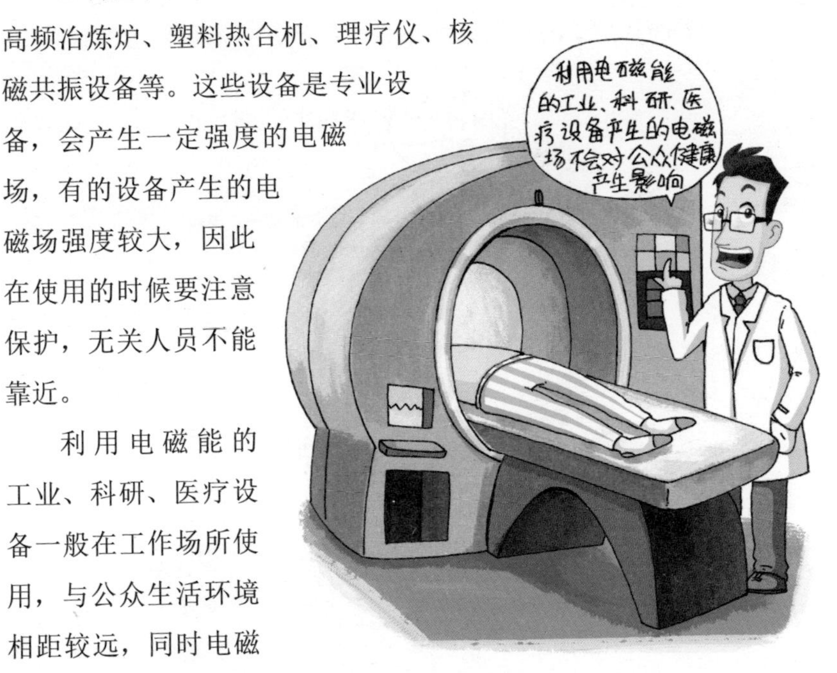

利用电磁能的工业、科研、医疗设备一般在工作场所使用，与公众生活环境相距较远，同时电磁

场具有随距离增加快速衰减的特点，而且此类设备在使用时有相关的规定，公众应注意遵守。所以，利用电磁能的工业、科研、医疗设备产生的电磁场不会对公众健康产生影响。

95. 在输变电设施附近打手机会受影响吗？

信号被干扰的前提是干扰源频率或其谐波频率（谐波是指输变电系统会产生频率为工频50Hz整数倍的电磁信号）相近或相同。输变电设施周围电磁场的频率为50Hz，而移动通信频段为800MHz ～ 3 000GHz，因此，手机信号不会受到工频电场、工频磁场的干扰。公众平时在输变电设施附件接听手机，会出现有时接听不清楚，那主要是因为手机信号在这个区域较弱造成的，和我们平时在家里某个房间或角落接听手机也会出现不清楚的原因是一样的。

96. 在输变电附近会影响电视正常收看吗？

电视信号的传输包括三种方式：

（1）地面广播系统：通过电视发射天线向周边地域空间发射电磁波信号。优点是成本低，覆盖范围宽，电视机使用不受场所限制，在广大农村采用最广泛。缺点是电视信号容易受地面障碍物（如高楼）阻挡和反射，形成多径干扰，图像经常出现重影；另外，电视信号强度与距离的平方成反比，离电视台稍远一些的地区，接收到的电视信号非常差，容易受周边干扰信号（如汽车、电器设备、家用电器等）和气候及本机噪声干扰，图像画面经常出现雪花状干扰条。

（2）卫星电视广播系统：其主要优点为覆盖面大、转播电视质量高、适应性强；缺点是成本高，需另购一个卫星接收机顶盒和安装一个抛物面微波天线。目前，我国还没有发射K波段的电视卫星，接收U波段通信卫星信号需用1.5m的抛物面微波天线，安装和使用非常困难，只适用于政府部门和企事业单位安装使用。

（3）有线电视系统：通过同轴电缆传输，不受外界干扰和干扰别人，使信号的频谱能得到充分利用，图像质量在所有传输系统中最好。我国当前居民家中主要采用有线电视系统。

由于高压输变电系统会产生频率范围为几十千赫兹到几兆赫兹的电磁信号，因此，高压输变电在某些情况下，可能会对地面广播系统和卫星电视广播系统产生一定的影响，带来电视画面不清晰的结果，但对有线电视系统不会造成影响。

97. 为什么输电线路附近会有“嗞嗞”声和“火花”？

“嗞嗞”的声音是因为输电线路在空气中局部电晕放电造成的，雨雾天往往会大一点。电晕的产生是因为不平滑的导体产生不均匀的电场，其电极附近当电压升高到一定值时对空气放电，形成电晕。有时，我们晚上还会看到“火花”，这其实不是火花，而是电晕放电现象，没有危险。输电线路投运一段时间后这种现象会有所减少。

98. 输电线路会给临近的房屋引来雷击的危险吗？

雷电是一种很常见的自然现象，雷电活动一旦对大地产生放电，便会引起巨大的热效应、电效应和机械力，而造成巨大的破坏。而输电线路分布很广，地处旷野，绵延数百千米，很容遭受雷击。线路落雷后，沿输电线路传入变电站的侵入波会威胁着变电站的电气设备，造成重大事故。因此，输电线路在设计、运行中都有严格的防雷要求，包括架设避雷线、安装自动重合闸、增强线路绝缘、加强管理与检修等。

由于输电线路的铁塔较高，并在整条线路中都设有专用的避雷线，出现雷电天气时，可将雷电吸引到自己身上来，并将其安全导入地下去，从而起到屏蔽作用。因此，输电线路不仅不会给临近的房屋引来雷击，反而会在一定程度上形成“保护伞”。

99. 输电线路附近可以放风筝吗？

在输电线路附近放风筝是危险的。风筝缠绕导线，不仅会引起线路跳闸停电，危及电网安全，更会威胁到市民的生命安全。

风筝由绝缘的纸、竹子制成，风筝线也多为棉线或尼龙线，这些物质在正常情况下是绝缘体，如果空气湿度较大的话便具有导电性，一旦与高压线接触，人就可能会遭受电击或电伤，甚至威胁生命。如果风筝挂缠在电线上后，市民用力往下拽或用较长的工具进行敲打、挑拨，很容易造成断线。

因此，在野外或公园放风筝时一定要远离输电线路，尤其要注意做好自我安全保护。另外，如果不小心风筝或引线缠绕在电线上时，千万不要爬上电线杆去拿，更不要生拉硬扯或是用竹竿之类的东西击打。

100. 国家对电磁辐射建设项目的环保管理要求有哪些？

按照国家法律法规的有关规定，电磁辐射建设项目应履行建设项目环境影响评价和竣工环境保护验收制度。电磁辐射建设项目环境

保护设施应与主体工程同时设计、同时施工、同时投入使用，经验收合格方可投入运行。因此，对于正常运行的电磁辐射设施，个人无须采取防护措施。

101. 对讲机的电磁辐射影响大吗？

对讲机是一种双向移动通信工具，主要有三大类：模拟对讲机、数字对讲机和 IP 对讲机。无论哪一种对讲机，其电磁辐射主要与对讲机的功率有关，一般来说功率越大电磁辐射越大。目前市场上的对讲机，主要功率有 0.5W、1W、3W 和 5W 四种，总体上功率均较小。由于对讲机与人体距离通常小于 20cm，对讲机电磁辐射的影响主要是考虑其比吸收率（SAR）是否达标，一般来说，在产品销售时，应当是达到相应标准限值的产品才能销售。

102. 什么是比吸收率（SAR）？

比吸收率（SAR）是指身体组织吸收能量的速度，单位为瓦/千克（W/kg），SAR是一个广泛应用于高于100kHz的频率中的辐射剂量测定指标。

103. 什么是基本限值和导出限值？

在设定电磁场暴露限值的过程中，ICNIRP认识到必须协调相当数量的不同专家的意见，必须考虑科学报告的有效性，而且还必须从动物试验推断电磁场对人的影响。导则中的各种限值纯粹是基于科学数据得出来的，当前已有的知识表明，这些限值对时变电磁场暴露提供了足够的保护。在导则中把它们分为两类：

基本限值：基本限值是指直接根据已确定的健康效应而制定的暴露在时变电场、磁场和电磁场下的限值。根据场的频率的不同，用来表示此类限值的物理量有电流密度（*J*）、比吸收率（SAR）和功率密度（*S*）。其中只有被暴露者体外空气中的功率密度可以被迅速容易地测量。为了防止对健康造成负面影响，这些基本限值不能被超过。

在100kHz～10GHz频率范围内，基本限值主要是SAR，以防止全身发热和局部组织过热。

导出限值：导出限值用来评估实际暴露以确定基本限值是否可

能被超过。某些导出限值是根据相关的基本限值用测量或计算得出的，而某些导出限值是基于暴露在 EMF 下的感觉和不利的间接影响提出来的。导出的物理量是电场强度（E）、磁场强度（H）、磁感应强度（B）、功率密度（S）等。在任何特定的暴露情况下，这些物理量的测量或计算值都可以同相应的导出限值进行比较。遵守导出限值可以保证遵守对应的基本限值。如果测量或计算值超过导出限值，并不意味着基本限值一定被超过。但是，一旦超过导出限值，则必须检验其与基本限值的符合性，并决定是否有必要采取额外的保护措施。导出限值是用于与物理量测量值进行对比的，我们通常所说的限值均指的是导出限值。

上文中提到的电流密度（J），是一个矢量，其在给定表面上的积分等于流过这个表面的电流；线性导体的平均强度等于电流除以导体的横截面面积，单位为安 / 米 ^{2}（A/m^2）。

104. 你知道“国际电磁场计划”吗？

20 世纪 90 年代以来，经过与 ICNIRP（国际非电离辐射防护委员会）及其他全球范围内的组织、国家机构等广泛合作和对相关科学文献的评估，WHO“国际电磁场计划”（Thc EMF Project）启动后已先后出版了以下重要文件：

《限制时变电场、磁场和电磁场暴露的导则》（ICNIRP 导则，1998 年）

《制订以健康为基础的电磁场标准的框架》（2006 年）

《关于制订电磁场人体暴露法律范本》（2006 年）

《WHO 环境健康准则——极低频场，No.238》（2007 年）

《电磁场和公共健康—暴露于极低频场》WHO Fact Sheet No.322（2007 年）

《关于电磁场风险沟通的建议：建立有关电磁场风险的对话》（2002 年）

《电磁场与公共卫生：移动电话》实况报道，第 193 号（2011 年）

《电磁场与公共卫生：基台和无线技术》实况报道，第 304 号（2006 年）

《电磁场与公共卫生：静电和磁场》实况报道，第 299 号（2006 年）

《限制时变电场和磁场暴露的导则（1Hz ～ 100kHz）》（ICNIRP 导则，2010 年）

这些工作成果对电磁场健康可能存在的影响进行了全面的评估，是当前最具有权威性的重要科学文献，可对大家有关电磁场暴露健康安全的问题给出答复。

105. 哪些渠道可以了解电磁环境与公众健康研究的最新进展？

世界卫生组织官方网站，http://www.who.int

国际非电离辐射防护委员会官方网站，http://www.icnirp.de

美国国家环境卫生科学研究院（NIEHS）官方网站，http://www.niehs.nih.gov

附表

EN 50357—2001	由于使用电子产品监视（EAS）、射频识别（RFID）和类似用途设备所产生的电磁场对人体辐射的评价
EN 50360—2001	证明移动电话符合有关人体受电磁场（300MHz ～ 3GHz）辐射基本限制条件的产品标准 （300 MHz ～ 3GHz）
EN 50364—2001	由于使用电子产品监视（EAS）、射频识别（RFID）和类似用途的运行频率范为 0Hz ～ 10GHz 的设备所产生的电磁场对人体辐射的限制
EN 50364—2010	由于使用电子产品监视（EAS）、射频识别（RFID）和类似用途的运行频率范为 0 Hz ～ 300 GHz 的设备所产生的电磁场对人体辐射的限制
EN 50371—2002	证明低功率电子和电气设备符合有关人体受电磁场（10 MHz ～ 300GHz） 辐射基本限制条件的一般标准（一般公众）
EN 50383—2002	无线电信系统（110MHz ～ 40GHz）用无线电基站和固定终端站对人有影响的电磁场强度和 SAR 的计算和测量基础标准
EN 50383—2010	有人员暴露于无线电信系统（110 MHz ～ 40 GHz）的无线基地站和固定终端站的电磁场强度和 SAR 计算和测量的基础标准
EN 50384—2002	有人员暴露于射频电磁场（110MHz ～ 40GHz）基本限值或基准等级规定的无线电信系统无线电基站和固定终端站符合性验证产品标准（专业人员）
EN 50385—2002	有人员暴露于射频电磁场（110MHz ～ 40GHz）基本限值或基准等级规定的无线电信系统无线电基站和固定终端站符合性验证产品标准（公众）
EN 50392—2004	带有与人体暴露于电磁场（0 Hz ～ 300 GHz）相关的基本限值的电子和电气设备的合格证明的通用标准
EN 50400—2006	验证投入使用的具有基本限值和参数范围的无线通讯网络要求用的固定无线电广播设备（110 MHz ～ 40 GHz）合格性的基本标准（基本限值和参考范围与公众暴露于射频电磁场相关）

EN 50401—2006	验证投入使用的具有基本限值和参数范围的无线通信网络要求用的固定无线电广播设备（110 MHz ~ 40 GHz）合格性的产品标准（规定 公众暴露于射频电磁场的基本限值和参考范围）
EN 50401—2011	验证投入使用的具有基本限值和参数范围的无线通信网络要求用的固定无线电广播设备（110 MHz ~ 40 GHz）合格性的产品标准（规定 公众暴露于射频电磁场的基本限值和参考范围）
EN 50420—2006	人体暴露于独立广播发射站（30MHz ~ 40GHz）电磁场的基本评估标准
EN 50421—2006	验证公众暴露规定射频电磁场（30MHz ~ 40GHz）相关的参考水平和基本限值的独立广播发射的机合格性产品标准
EN 50444—2008	人体暴露于电弧焊及相关工艺设备产生的电磁场的评估用基本标准
EN 50445—2008	带与人体暴露于电磁场相关的基础限制的电阻焊接、电弧焊接和类似工艺用设备的证明一致性用产品系列标准（0Hz ~ 300GHz）
EN 50475—2008	暴露于高频（HF）波段（3 ~ 30MHz）广播服务发射机的电磁场中人体的计算和测量用基本标准
EN 50476—2008	与公众暴露于无线电频率电磁场（3 ~ 30MHz）相关的验证广播站发射机和参考等级及基本限制一致性的产品标准
EN 50492—2008	关于人体暴露于基站附近的电磁场强度现场测量用基本标准（德文版本）
EN 50496—2008	工人暴露于电磁场的测定和广播站的风险评估（德文版本）
EN 50499—2008	对工作人员暴露于电磁场的评定程序
EN 50505—2008	人体暴露于电阻焊接和相关工艺用设备产生的电磁场评估的基本标准
EN 50519—2010	工人暴露在工业感应加热设备所产生的电磁场中的评定

EN 50527.1—2010	工作轴承有源植入性医疗器械的电磁场辐射暴露的评定规程（第 1 部分：总则）
EN 50527.2-1—2011	工作轴承有源植入性医疗器械的电磁场辐射暴露评定规程（第 2-1 部分：与心脏起搏器一起工作的人员用具体评定）
EN 50554—2010	公众可能遭受其射频电磁场辐射的相关广播会场选址评估的基本标准
EN 61566—1997	暴露于射频电磁场场强的测量 . 频率范围在 100kHz ～ 1GHz 间的场强
EN 61846—1998	超声波 . 压力脉冲碎石器 . 电磁场特性
EN 62233—2008	人体暴露于家用电器和类似装置的电磁场用测量方法
EN 62311—2008	电磁场（0Hz ～ 300GHz）用与人类辐射限制相关的电子和电气设备的评估
EN 62369-1—2009	人体暴露在频率范围为 0 ～ 300GHz 的各种设备中短程装置（SRDs）产生的电磁场中的评估（第 1 部分：商品电子防盗，无线电频率识别和类似系统产生的电磁场）
EN 62479—2010	符合人体暴露在电磁场（10 MHz ～ 300GHz）基本限制的小功率电子和电气设备的评定（修改的 IEC 62479—2010）
EN 62493—2010	照明设备产生的电磁场对人类辐射的评估
EN50500	人体暴露于铁道电磁环境中的磁场评估

书号：978-7-5111-3247-5
定价：23 元

书号：978-7-5111-3169-0
定价：23 元

书号：978-7-5111-2067-0
定价：18 元

书号：978-7-5111-3798-2
定价：22 元

书号：978-7-5111-3246-8
定价：22 元

书号：978-7-5111-3209-3
定价：28 元

书号：978-7-5111-3555-1
定价：23 元

书号：978-7-5111-3369-4
定价：22 元

书号：
978-7-5111-1624-6
定价：23 元

书号：
978-7-5111-0966-8
定价：26 元

书号：
978-7-5111-3138-6
定价：24 元

书号：
978-7-5111-2370-1
定价：20 元

书号：
978-7-5111-2102-8
定价：20 元

书号：
978-7-5111-2637-5
定价：18 元

书号：
978-7-5111-2369-5
定价：25 元

书号：
978-7-5111-2642-9
定价：22 元

书号：
978-7-5111-2371-8
定价：24 元

书号：
978-7-5111-2857-7
定价：22 元

书号：
978-7-5111-2871-3
定价：24 元

书号：
978-7-5111-2725-9
定价：24 元

书号：
978-7-5111-2972-7
定价：23 元

书号：
978-7-5111-0702-2
定价：15 元

书号：
978-7-5111-1357-3
定价：20 元

书号：
978-7-5111-2973-4
定价：26 元

书号：
978-7-5111-2971-0
定价：30 元

书号：
978-7-5111-2970-3
定价：23 元

书号：
978-7-5111-3105-8
定价：20 元

书号：
978-7-5111-3210-9
定价：23 元

书号：
978-7-5111-3416-5
定价：22 元

书号：
978-7-5111-3139-3
定价：23 元